U0145702

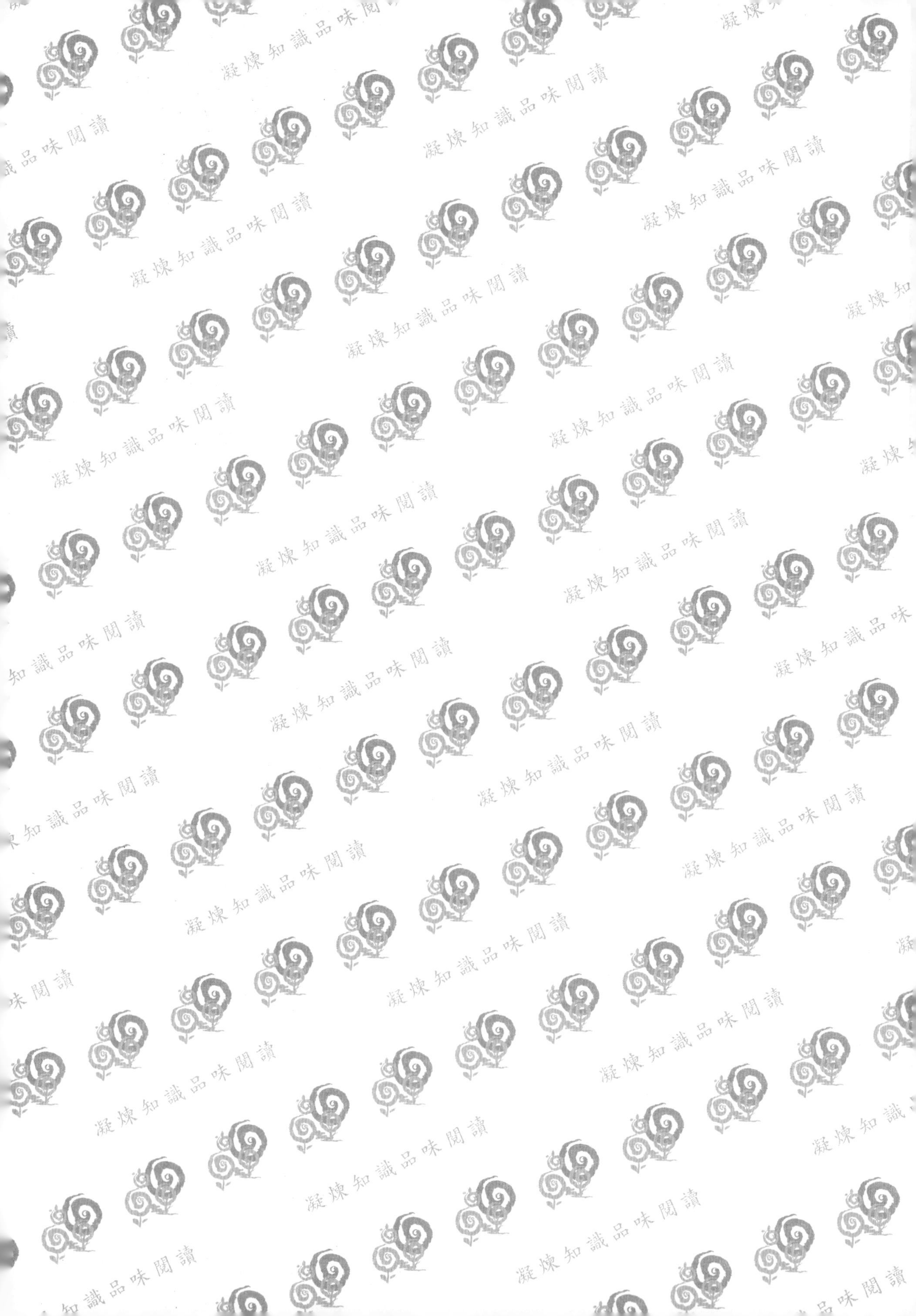

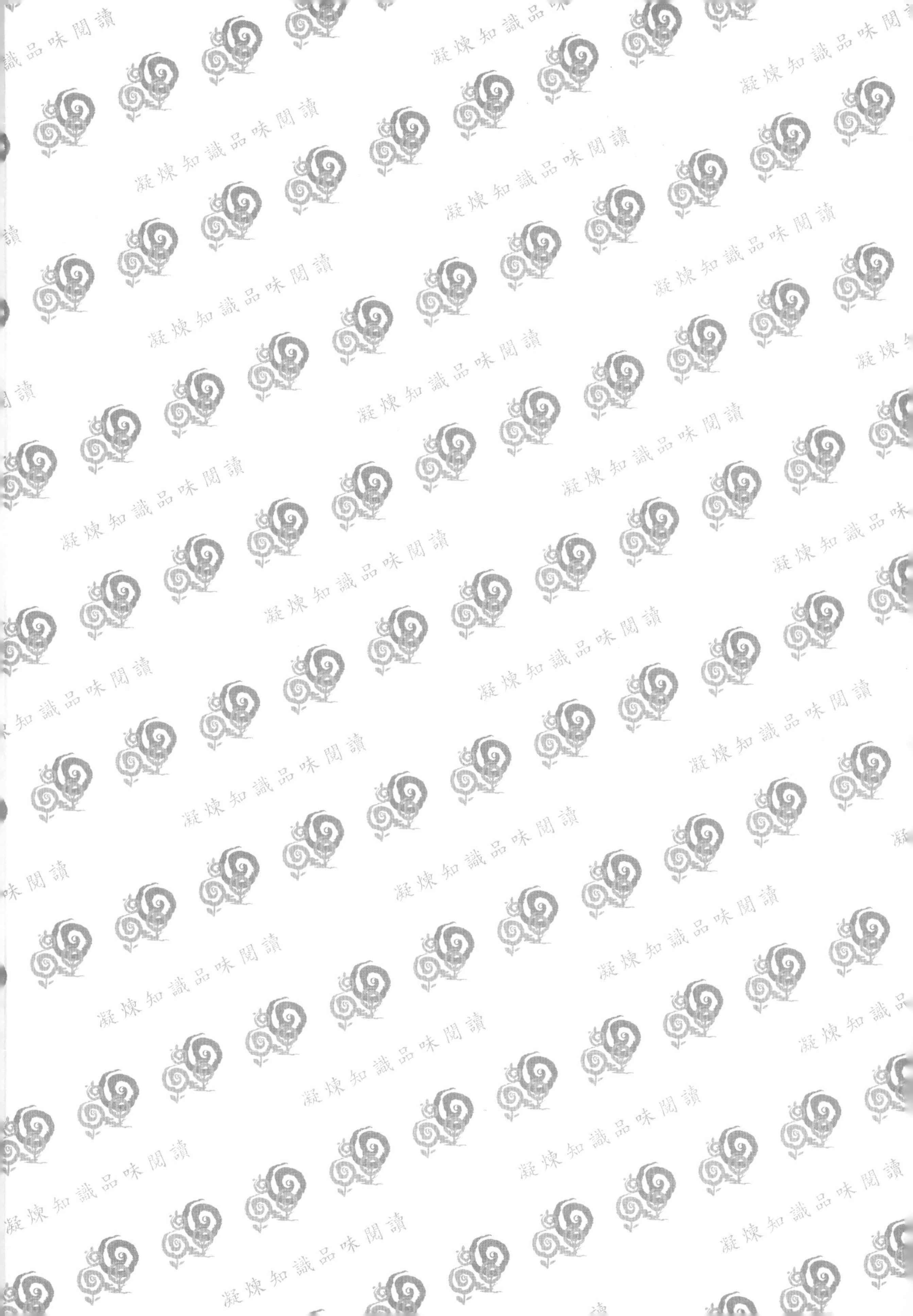

財務報表分析

IFRS國際會計準則

第4版

馬嘉應 著

五南圖書股份有限公司　印行

序 言

財務報表係會計最終產物，而會計是企業所有活動的表現，因此財務報表跟企業關係緊密。若要瞭解企業之經營績效、財務狀況、現金流量及未來發展趨勢，最佳的方式為分析財務報表。不論是企業本身或是與企業相關的債權人、投資者，甚至政府機關，都需藉由財務財務報表分析的方式來瞭解公司，由此可見財務報表分析運用層面之廣。

本書以淺顯的方式幫助讀者瞭解財務報表架構、財務報表上各資訊的來源、闡述各比率指標蘊含之意義，以及應該如何運用比率分析來瞭解、衡量企業。此外，為使讀者能更貼近實際情形，本書輔以實際企業財務報表實例，學習如何從財務表中擷取對決策有用資訊，並用以分析、幫助決策。

目　錄

PART I

財務報表基本架構

第一章　財務報表分析之基本概念及架構

第二章　財務報表概述

第三章　財務報表分析之方法

第一章

財務報表分析之基本概念及架構

財務報表分析，指的是應用各種分析工具與方法，從財務報表及相關資料中，加以分析、解讀、評估及判斷等，來顯示公司之經營績效、財務狀況、現金流量以及發展趨勢。換句話說，財務報表分析只是一種手段，來瞭解企業的財務狀況、經營績效及其他各項有用之資訊，而分析的最終目的則在於將所獲得的資訊，作為報表使用者做決策時的重要參考依據。

本章將探討財務報表分析的各個基本概念，包括財務報表分析之目的、財務報表分析之所需資料等議題。

第一節

財務報表分析之目的

財務報表分析係評估公司下列能力：(1)短期償債能力；(2)現金流量分析；(3)長期償債能力及資本結構；(4)投資報酬率分析；(5)資產運用效率分析；(6)經營績效分析，而這些能力供使用者做決策之依據。財務報表的使用者可分為兩類，一為內部使用者（Internal users），主要為企業內部之經理人；另一為外部使用者（External users），主要有債權人（Creditor）、投資者（Investor）、分析人員（Analysts）等。因此，隨著使用者不同，分析的重點亦不同。接著就不同使用者，說明其使用目的。

一、企業內部使用者

從企業內部觀點來看，財務報表分析所得到之結果，代表著不同的訊號，可作為管理當局進一步追查的標的，以求改進；除此之外，管理階層為有效掌握管理企業，也需透過財務報表分析，作為企業經營規劃和控制的依據。而進行損益分析方能擬定行銷策略；現金流量分析能確保公司資金流通順暢；最後，財務報表分析可幫助公司檢視其財務結構及償債能力。

二、債權人（Creditor）

債權人包括銀行、公司債持有人及其他貸款給企業之個人或法人。債權人所關心的問題，乃借款人的償債能力，俾能如期收回本金及利息，此項償債能力分析涉及下列議題：(1)借款用途是否適當？(2)借款公司的資本結構是否健全？(3)償還資金的來源有沒有問題？(4)借款公司過去信用紀錄是否良好？

債權人可依據授信時間長短分為短期債權人以及長期債權人，說明如下：

(一)短期債權人

短期債權人，通常為出售商品或提供勞務給企業，也就是應收帳款債權人；另一種短期債權人為企業向銀行、財務公司或其他授信機構辦理短期借款。短期債權人關心的是公司的短期償債能力，也就是企業短期流動能力，或是稱為變現性。可以使用的比率有：流動比率、速動比率、應收帳款週轉率、存貨週轉率、流動性指數等。

(二)長期債權人

長期授信的方式有很多，一般最常見為企業向銀行或其他授信機關，申貸長期借款。此外，亦包括公司對外發行公司債、或是向租賃公司申請租賃（leasing）等方式，以達到長期融資之目的。長期債權人所關心的是企業的長期償債能力及資本結構，主要的評估比率有負債比率、權益比率、財務槓桿、利息保障倍數、現金或營運資金流量預測分析等。

三、投資者（Investor）

提供資金給企業的普通股股東，為公司風險最後的承擔者，在正常營運中，必須支付債權人利息及特別股股利後，才能分配普通股股東股利；一旦公司面臨破產時，其資產必須先清償負債及特別股股東權益，尚有剩餘時才分配剩餘資產給普通股股東。因此，普通股股東對於財務報表分析的重視程度，遠超過其他任何投資人。而股票價值是股票投資人的指標，股票價值受到公司營運績效、獲利能力、財務狀況及資本結構等眾多因素影響。綜上所述，投資人最關心公司未來的獲利能力，藉以增進所持有股票的價值。此項分析，通常涉及下列問題：

1. 公司未來的獲利能力及未來的成長速度為何？
2. 公司在同業間的競爭能力為何？

3. 公司的資本結構及營業上的潛在風險為何？

企業高獲利水準導致高的股票投資報酬率。因此損益分析、本益比、每股盈餘等分析資料，以及公司股利發放政策，皆影響投資者之投資報酬率。

四、其他財務報表使用者

其他報表使用者，如併購案的分析人員、會計師、政府機關、同業賒銷之參考等，因不同目的而需作個別的財務分析，以利於運用財務報表分析的工具與方法。下列分別為各使用者的目的：

(一)併購案分析人員

評估公司之實際價值，以求取適當的併購價格。

(二)會計師

企業查核簽證之會計師，透過查核財務報表，發現會計錯誤及會計原則之選擇是否適當，以對企業之財務報表之允當性表示意見。而會計師藉由就財務報表所提供的各項資訊中，予以整理、分析，尋求相關性、比率變化及趨勢分析等，來發現異常事項，進而追查原因。

(三)政府機關

如財政部證期會，藉由企業財務報表之審查與監督，企業各項財務報表之表達揭露是否允當，以保障投資大眾的權益。

(四)同業賒銷之參考

對於往來廠商之財務狀況及獲利能力等情況，必須做瞭解，以防銷售之貨款發生壞帳。

第二節

財務報表分析所需的資料

進行財務報表分析，所需的資料來源如下：

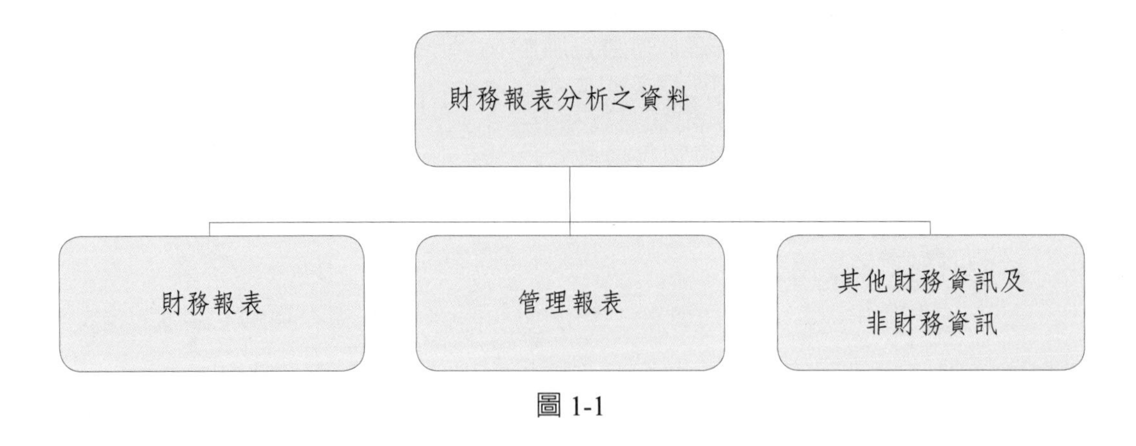

圖 1-1

一、財務報表的種類

所謂財務報表（Financial Statement）係在表達企業某一時點的財務狀況，及某一期間之經營結果與現金流量之數值資料。依據 ISA1 財務報表之表達「財務會計觀念架構及財務報表編製」規定，財務報表之內容，包括下列各報表及附註：

1. 財務狀況表。
2. 綜合損益表。
3. 股東權益變動表。
4. 現金流量表。

財務報表附註乃財務報表整體的一部份，應併同研讀及分析。

二、管理報表

管理會計（Managerial Accounting）是將企業的一切活動，予以衡量、分類與彙總，主要目的為提供有用的財務資訊，以協助企業管理當局作決策使用。管理報表包括：損益兩平分析、部門利潤分析、預算表、成本分析與掌控等之報導。

三、其他財務資訊及非財務資訊

企業財務資訊視為財務報表分析的基礎，而財務報表分析所需的資訊並不限於財務資訊，尚包括一些非財務資訊。

財務資訊包括：財務報表資訊、企業會計政策、公開說明書、股價行情資訊、財務預測資訊等；而非財務資訊包括：生產及消費統計值、分析師評論、管理當局的討論與分析、信用評等等。

練習題

(　) 1. 財務報表分析的目的為：(A)分析企業的經營及獲利能力 (B)分析企業的短期償債能力 (C)分析企業的長期償債能力 (D)以上皆是。

(　) 2. 在分析財務報表時，債權人的最終目的為：(A)瞭解企業未來的獲利能力 (B)瞭解企業的資本結構 (C)瞭解債務人是否有能力償還本息 (D)瞭解企業過去的財務狀況。

(　) 3. 財務報表分析：(A)可直接提供分析者有效的決策 (B)只需參考四種主要的財務報表及附註 (C)只能提供制定決策所需的有關資訊 (D)所得到的各種財務比率結果都會一致。

(　) 4. 下列哪些團體有可能要看公司的財務報表？(A)股東及債權人 (B)員工 (C)學術界 (D)以上皆是。

(　) 5. 財務報表分析的第一步為何？(A)進行共同比財務報表分析 (B)制定分析的目標 (C)瞭解公司的股權結構 (D)瞭解公司所處的行業。

(　) 6. 一般而言，企業的長期債權人所關心的，包括下列哪些項目？ A.企業短期財務狀況 B.企業長期之獲利能力及資金流量 C.企業的資本結構是否穩固 (A)B. (B)A. 和 C. (C)C. (D)A.、B. 和 C.。

(　) 7. 債權人分析財務報表之目的為何？(A)評估借款企業償還本金及利息的能力 (B)評估企業的資本結構 (C)評估借款企業未來的獲益能力 (D)評估企業過去的獲益能力。

(　) 8. 對長期債權人而言，下列何者最為有利？(A)負債比率增加 (B)公司停止發放特別股股利 (C)利息保障倍數增加 (D)每股盈餘減少。

(　) 9. 下列何種財務報表之潛在使用者，會最重視流動性的分析？(A)股東 (B)原料供應商 (C)提供貸款的信託投資公司 (D)政府主管機構人員

(　) 10.下列哪一個財務比率對投資人最重要：(A)每股盈餘 (B)權益報酬率 (C)流動比率 (D)存貨週轉率。

(　) 11.下列何者較無法迅速直接用以鑑定企業短期償債能力：(A)負債比率 (B)流動比率 (C)速動比率 (D)淨速動資產。

(　) 12.下列何者非短期償債能力之指標：(A)流動比率 (B)存貨週轉率 (C)負債

比率　(D)流動性指標。

(　) 13.負債比率的主要目的係評估：(A)短期清算能力　(B)債權人長期風險　(C)獲利能力　(D)投資報酬率。

(　) 14.財務報表的結構分析，是在分析一個企業的：(A)資產結構　(B)資本結構　(C)盈利結構　(D)以上皆是。

(　) 15.財務報表之資料可應用於下列哪些決策上？(A)授信分析　(B)合併之分析　(C)財務危機預測　(D)以上皆是。

(　) 16.企業提供財務報表資訊所付出的成本，不包括以下哪個項目？(A)搜集資料的成本　(B)會計師查核的成本　(C)因競爭者獲得資訊而使企業喪失的競爭優勢　(D)企業的管理部門使用其財務報表資訊作各項分析研究所消耗資源。

(　) 17.從事財務報表分析時，下列哪些資料沒有參考必要？(A)會計師查帳報告　(B)管理者之檢討及分析　(C)現金流量表　(D)以上皆非。

(　) 18.投資人分析財務報表的目的為何？(A)確定投資企業的風險性　(B)確定投資企業獲利能力的穩定性　(C)確定是否有重大改變以增進未來的績效　(D)確定一項投資是否可經由未來預計的盈餘加以擔保。

解答：

1.	D	2.	C	3.	C	4.	D	5.	B
6.	D	7.	A	8.	C	9.	C	10.	AB
11.	A	12.	C	13.	B	14.	D	15.	D
16.	D	17.	D	18.	D				

第二章

財務報表概述

會計是一種服務性的技能，也是企業活動的共通語言，其主要的功能是將一企業日常各種經濟活動的資料，透過有系統的處理程序與方法，提供有用的會計資訊給使用者，俾作為各項經濟決策的參考。

會計流程如下：

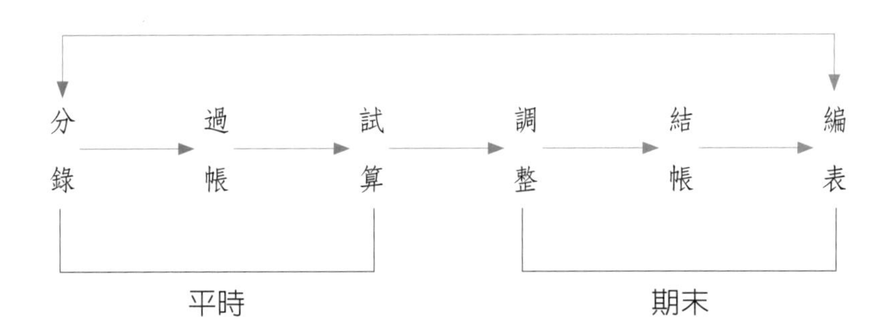

第一節

編製財務報表的基本假設及原則

編製財務報表之基本假設及原則如下：

一、環境假設

(一)企業個體假設

指會計上把企業視為一個與業主分離的經濟個體，有能力擁有資源，並且負擔義務。一個業主可以擁有數個企業，一個企業也可以有許多股東，但是企業與業主是兩個不同的獨立個體。無論企業屬於哪個業主，都有自己獨立的資產與負債，都應獨立處理其會計事項，不能與業主私人會計事項混淆不清。

(二)繼續經營假設

在無反證的情況下，假設企業將永續經營，因此對於資產的評估不採用清算價值。企業財務報表通常係基於繼續經營假設編製，如企業意圖或必須解散清算者，應以不同基礎（如清算價值）編製。當一企業擁有經營獲利之歷史且可隨時獲得財務資源，不需詳細分析，即可推論其採繼續經營假設尚屬適當。

(三)貨幣單位假設

假定貨幣價值不變，或變動不大，以貨幣作為記錄、衡量及報導財務資訊的基本單位。由於各種交易的內容不同，單位各異，透過貨幣單位假設方能傳達會計訊息的一致性。

(四)會計期間假設

會計期間劃分的目的為便於計算損益和編製報表。一個企業，非待營業結束，資產出清，債務清償，不能確定其真正損益。但由於投資者及企業管理者均有及時瞭解企業經營情況需求，因此將企業存續期間劃分長度相同期間，以利定期提供各期財務訊息。會計期間的長度通常為一年。

二、基本原則

(一)成本原則

企業的資產、負債、股東權益及損益，應以取得時所發生的交換價格作為入帳之依據。

(二)收入認列原則

收入必須同時滿足下列兩個條件才能認列：

1. 已賺得：指企業已大致完成獲取收入所必須從事的工作（例如：交付產品或提供勞務）。
2. 已實現或可實現：已實現係指企業已收到現金或取得現金請求權；可實現係指雖未取得現金及現金請求權，但此商品或服務具有活絡之市場及明確之市價，隨時可轉換，且不致發生重大的推銷費用或蒙受價格損失。（如農產品及黃金）

(三)配合原則

費用和收入認列的期間相配合，也就是賺取某項收入所產生之費用，應於收入發生時同一期間認列。

(四)充分揭露原則

對於報表使用者相關之重大事項，財務報表必須充分揭露。

第二節

會計資訊品質特性

會計資訊的最高品質是決策有用性，為達到此目的會計資訊應具備主要品質特性及次要品質特性，分別如下：

一、基本品質特性

(一)攸關性

所謂攸關性，乃指財務資訊僅於其能影響使用者所作之決策時，方稱攸關。攸關之資訊具預測及確認價值，可協助使用者作出新預測、確認或更正先前預測或兩者兼具時，則具預測及確認價值。

(二)重大性

重大性為攸關性之另一層面，因非重大資訊並不影響使用者之決策。換言之，若依資訊之揭露與否或允當表達與否並不導致任何決策上之差異，則不具重大性。

(三)忠實表述

所謂忠實表述，乃指財務報告於表述經濟現象時，應具完整、中立及免於錯誤此三特性。

1. 完整性：所稱完整，乃指經濟現象之描述包括讓使用者瞭解所欲描述現象所須之所有資訊，包括所有必要之敘述。
2. 中立性：所稱中立，係指財務資訊之選擇或表達上不偏頗、不加重、不強調、不貶抑或不以其他方式操縱而增加財務資訊被使用者樂於或不樂於收到之可能性。
3. 免於錯誤：所謂免於錯誤，意指於現象之敘述中沒有錯誤或遺漏，且用以產生所報導資訊之程序其選擇及適用於過程中並無錯誤。

二、強化性品質特性

(一)可比性

可比性為能協助使用者辨認且瞭解項目間之相似性及其間差異之品質特性。

(二)可驗證性

可驗證性協助向使用者確保資訊忠實表述其意圖表述之經濟現象。可驗證性意指，已充分瞭解且獨立之不同觀察者能達成某一特定描述為忠實表述之共識。

(三)時效性

時效性意指及時提供決策者資訊俾能影響其決策。

(四)可瞭解性

對資訊清楚且簡潔地分類、特性化及表達，能使其可瞭解。

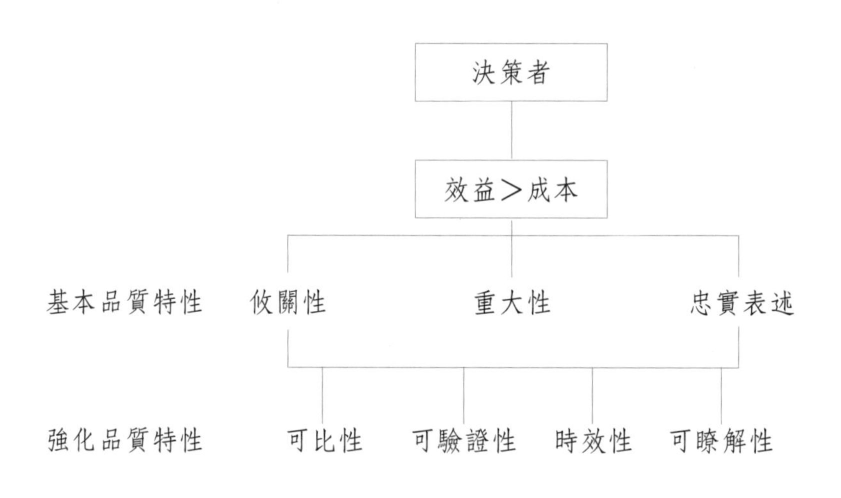

第三節

主要財務報表

財務報表為會計的最終產品，會計上有四大財務報表，分別為：(1)資產負債表；(2)損益表；(3)股東權益變動表；(4)現金流量表。下列為各報表之內容與表達的方式。

一、資產負債表

資產負債表乃報導企業在某特定日有關之財務狀況，包括該日企業所擁有之資產、承擔支付債務及業主權益之餘額。此餘額是屬於存量的觀念。其中資產、負債和股東權益之間必定有以下的關係：

資產總額＝負債總額＋股東權益總額

資產以流動性（變現能力）大小分類及排列；負債以償還債務日期先後排列；業主權益則依不同來源列報。此外，構成資產負債表主要要素如下：

(一)資產

企業之經濟資源能以貨幣衡量，並對未來提供經濟效益者，如現金、存貨等。

(二)負債

企業應負擔之經濟義務，能以貨幣衡量者，並將於未來提供經濟資源以償付者，如應付帳款、應付票據等。

(三)業主權益

企業之業主（股東）對企業資產之剩餘權益，又稱為淨資產或淨值。

二、損益表

損益表為報導企業在一段特定期間的經營結果，也就是收入和費用的明細及總額，再用來計算出企業之淨利或淨損。該餘額屬流量之觀念。

損益表之內容包括：

(一)繼續營業部門

包括由正常營業所產生的營業收入、營業成本（如銷貨成本）、營業費用、營業外收入、營業外費用、所得稅等。

損益表之所得方程式：

本期淨利（淨損）＝收入－成本－費用＋營業外收入－營業外費用－所得稅

(二)停業部門

企業在年度中處分（出售或廢棄）一個重要部門，即稱為停業部門，並且要分開表達，而表達之方式以稅後淨額。

(三)非常損益

非常損益指不常發生且金額重大之事項，如對於不常發生天災地區的公司，遭受地震損失，且金額重大，以及政府頒佈新法令，禁止銷售重要之產品，或是得到訴訟賠償，所獲得的利益，皆屬非常損益。

(四)會計原則累計影響數

指由一種一般公認會計原則改採另一種也是一般公認會計原則所認可的方法。如折舊由先進先出法改為平均法，由於採用新方法對當期期初保留盈餘所產生之累積影響數，應計算且表達在損益表中。

(五)每股盈餘

公司之每一股普通股在該期間所賺得的盈餘，或蒙受的損失，應列於損益表本期淨利（淨損）下。

損益表要素為：

1. 收入：企業因營業活動（出售產品或勞務）而增加的資產或減少的負債。
2. 費用：企業因營業活動（生產、出售產品或勞務）而耗用的資產或發生之負債。
3. 利益：企業因營業外之交易或事項所增加的利益。
4. 損失：企業因營業外之交易或事項所減少的權益。

三、股東權益變動表

股東權益變動表表示企業在某特定時間內股東權益各項目的增減變化之彙總報告書。該報表中的數字屬流量的觀念。股東權益變動表之內容包括股本

（特別股和普通股）、資本公積、保留盈餘、庫藏股股票的期初餘額、本期增減變動以及期末餘額。

四、現金流量表

現金流量表表達企業在某會計期間內有關現金流入或流出之資訊，並且表達現金之來源、用處及增減變化，並且依不同的產生方式可細分為營業活動、投資活動、及融資活動之現金流量。

練習題

(　) 1. 決定財務報表資訊是否具有「重要性」的標準，通常是看該項資訊是否：(A)影響企業的總資產金額　(B)影響企業的盈餘金額　(C)影響一個正常投資人的專業判斷　(D)影響企業的現金流量。

(　) 2. 下列何者為靜態報表？　(A)資產負債表　(B)損益表　(C)股東權益變動表　(D)現金流量表。

(　) 3. 表示企業某一特定時日之財務狀況的報表是：　(A)盈餘預估表　(B)股東權益變動表　(C)資產負債表　(D)以上皆是。

(　) 4. 企業之主要財務報表為損益表、資產負債表、股東權益變動表及現金流量表，其中靜態報表有：　(A)一種　(B)二種　(C)三種　(D)四種。

(　) 5. 一項會計資訊可以公正表達一企業在某特定日或某會計期間的經濟情況，足以使資訊使用者信賴，此項特性稱為：　(A)攸關性　(B)適時性　(C)可驗證性　(D)可靠性。

(　) 6. 利益或損失係一主要業務或附屬業務劃分：下列哪些項目可歸類為利益或損失？

	主要業務活動的流入或流出事項	附屬業務事項導致權益增加或減少
(A)	是	否
(B)	否	是
(C)	是	否
(D)	否	否

(　) 7. 一般情況，當賣方已完成為取得收入的所有必要過程，在下列何情況下，應認列收入？　(A)帳款已收到或可合理加以預計者　(B)訂購單收到時　(C)契約已簽訂　(D)賣方已收到貨品。

(　) 8. 計算廠房設備的折舊時，會計人員最需要考慮的會計原則為：　(A)客觀原則　(B)收入實現原則　(C)充分表達原則　(D)配合原則。

(　) 9. 配合原則的主要目標在於：　(A)提供適時的資訊給報表使用者　(B)配合各會計期間對已實現收入的認列，來計算正確損益數字　(C)提供充分資料　(D)增進不同期間報表的比較性。

(　) 10.對於資產、負債、收入及費用的認列，下列哪一項非會計執行上的基本原則？ (A)重要性原則 (B)成本原則 (C)收入實現原則 (D)配合原則。

(　) 11.在損益表中，利息收入應列於？ (A)銷貨毛利之前 (B)銷貨毛利之後，繼續營業損益之前 (C)非常損益之前，繼續營業損益之後 (D)非常損益之後。

(　) 12.在損益表中，處分企業某一部門所發生之損失應列於？ (A)會計原則變動累計影響數及非常項目之前 (B)會計原則變動累計影響數及非常項目之後 (C)會計原則變動累計影響數之後及非常項目之前 (D)會計原則變動累計影響數之前及非常項目之後。

(　) 13.資產負債表是一種： (A)動態報表 (B)固定報表 (C)視情況而定 (D)靜態報表。

(　) 14.報導企業經營績效的財務報表是： (A)損益表 (B)資產負債表 (C)業主權益變動表 (D)現金流量表。

(　) 15.報導企業特定日財務狀況之報表為： (A)財務報表 (B)損益表 (C)股東權益變動表 (D)資產負債表。

(　) 16.現金流量表，係指： (A)企業於某期間有關現金收入與現金支出之兩段式活動報導 (B)企業於一段期間有關營業、投資及融資活動之現金之報導 (C)企業在某特定日有關現金收入與現金支出之兩段式報導 (D)企業在特定日有關營業、投資和融資活動之報導。

(　) 17.現金流量表指： (A)企業有關營業、投資和融資等現金活動之報導 (B)企業有關現金收入之報導 (C)有關企業支出之報導 (D)企業有關股東投入現金活動之報導。

(　) 18.因主要營業活動產生的資產或是負債的減少，稱為？ (A)收入 (B)利得 (C)費用 (D)損失。

(　) 19.因匯率變動所造成資產之減損，歸類於： (A)收入 (B)利得 (C)損失 (D)費用。

(　) 20.a.收入　b.費用　c.利得　d.損失，哪幾項是由主要營業活動所產生？ (A)a.d. (B)b.c. (C)c.d. (D)a.b.。

(　) 21.下列何者「非」非常損益？ (A)保險給付利益 (B)壞帳 (C)債務整理利益 (D)提前清償債務。

(　) 22.保留盈餘不出現在：(A)損益表 (B)資產負債表 (C)保留盈餘表 (D)業主權益變動表。

解答：

1.	C	2.	A	3.	C	4.	A	5.	D
6.	B	7.	A	8.	D	9.	B	10.	A
11.	B	12.	A	13.	D	14.	A	15.	D
16.	B	17.	A	18.	A	29.	C	20.	D
21.	B	22.	A						

第三章

財務報表分析之方法

財務報表分析的方法，常用的有靜態分析、動態分析及特殊分析三種：

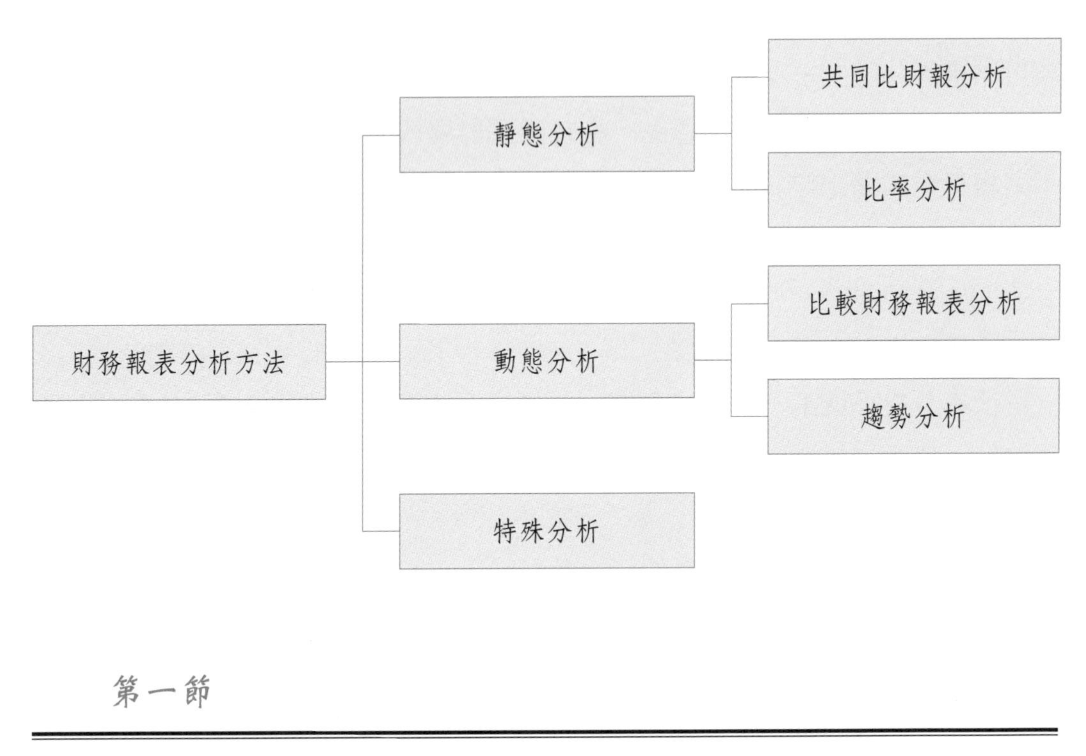

第一節

靜態分析

靜態分析（Static Analysis）指同一年度財務報表各項目加以比較分析，由於該分析並未涉及跨期間的增減變動，故為靜態。由於其計算時，係依報表由上而下之順序，因此又稱垂直分析或縱向分析。靜態分析又可分為共同比財報分析及比率分析。

一、共同比財報分析（Common Size Analyais）

共同比財報分析係指將財務報表完全以百分比表示，就同一年度財務報表各項目百分比化，並且加以比較分析，因此又稱為百分比分析。共同比資產負債表以總資產作為 100%，其餘項目以佔總資產的比率表示之；共同比損益表則以銷貨收入之淨額作為 100%，其餘項目以佔銷貨淨額的比率表示之。

共同比財報分析也可用於財務報表某一項目與其組成要素關係之分析。例如：以流動資產總額為 100%，來計算各流動資產組成內容，如：現金、應收帳款、存貨等之百分比，藉此可瞭解流動資產之組成比重，故又稱為結構分析。

共同比財報分析可以分析企業的資產結構、資本結構與損益結構，而從各項目結構的分配上去瞭解每一項目的增減變化。

共同比財務報表分析之重點，在於瞭解財務報表之內部結構，並且適用於不同規模企業之比較。因將其轉換為百分比，則可消除規模上的差異，而有助於不同規模公司之間的互相比較。

二、比率分析

比率分析係就某一期間或日期，各個項目的相對性以百分比、比率或分數表示之。原本複雜的財務資訊趨於簡單化，使報表使用者獲得明確而清晰之觀念。

按財務報表分析的主要目的予以分類如下：

1. 短期償債能力比率
2. 現金流量比率
3. 資本結構與長期償債能力比率
4. 投資報酬比率
5. 資產運用效率比率
6. 經營績效比率

比率分析係依據財務報表的數字計算而來的，故在運用比率分析時，應注意報表是否經過窗飾，以免發生錯誤判斷。使用時需注意前後期所採用的會計原則是否一致，以及和其他同業比較時，亦須注意所採用之會計原則是否統一。最好與其他分析工具相互配合運用，更能瞭解事實的全部真相。

第二節 動態分析

動態分析指不同年度財務報表之相同科目加以分析，由於該分析就不同年度相同科目加以比較其增減金額及百分比，故為動態。由於就兩年度或多年度左右比較分析，因此又稱為水平分析或橫向分析。動態分析又可分為比較財務報表分析及趨勢分析。

一、比較財務報表分析

比較財務報表分析係指將兩年或三年以上之財務報表並列，並且將不同年度同科目加以比較其增減金額及百分比，以瞭解其變動之情形。經由各年度財務報表的相互比較，不但可以獲知一個企業財務狀況及獲利能力的消長，亦可瞭解企業經營績效的變化。

二、趨勢分析

趨勢分析係將數年度的財務報表，以第一年或某一年為基期，計算每一期間各項目對同一項目的趨勢百分比，或稱為趨勢指數，可藉此顯示在期間內的變動趨勢。此趨勢反映企業前景和展望，可藉此探索未來的趨勢。運用趨勢分析時必須選定一個基期，通常基期的選定方法有三種，分別如下：

(一)固定基期的趨勢分析

固定以某一期的金額為基期金額，通常為第一年，在其他各期的金額，所以固定基期的金額，分別求得各期的百分數。

表 3-1

為中公司
部分比較損益表
單位：百萬元

年　度	97	98	99	100	101
銷貨淨額	$257,213	$266,565	$317,407	$322,631	$333,158
銷貨成本	141,393	148,362	161,597	180,280	191,408
管理費用	11,454	9,086	8,717	8,964	11,097
行銷費用	3,366	4,132	3,752	3,718	4,737

表 3-2

為中公司
部分損益表趨勢百分比
（以 97 年為基期）

年　度	97	98	99	100	101
銷貨淨額	100	103.64	123.40	125.43	129.53
銷貨成本	100	104.93	114.29	127.50	135.37
管理費用	100	79.33	76.10	78.26	96.88
行銷費用	100	122.76	111.47	110.46	140.73

(二)移動基期的趨勢分析

以同一項目前一期的金額為後一期的基期金額，也就是後一期金額除以前一期金額，求出之分數。

表 3-3

為中公司
部分損益表趨勢分析
（以上一期為基期）

年　度	97	98	99	100	101
銷貨淨額	100	103.64	119.07	101.65	103.26
銷貨成本	100	104.93	108.92	111.56	106.17
管理費用	100	79.33	95.94	102.83	123.80
行銷費用	100	122.76	90.80	99.09	127.41

(三)平均基期的趨勢分析

先求得每一項目平均金額，作為基期，然後將各期同一項目的金額除以平均金額，作為各期百分數。

表 3-4

為中公司
部分損益表趨勢分析
（以平均數為基期）

年　度	平均數	97	98	99	100	101
銷貨淨額	$299,395	85.91	89.03	106.02	107.76	111.282
銷貨成本	164,608	85.90	90.13	98.17	109.52	116.28
管理費用	9,864	116.12	92.11	88.37	90.88	112.50
行銷費用	3,941	85.44	104.85	95.20	94.34	120.20

第三節

特殊分析

特殊分析（Special Analysis）指除了就一般目的的財務報表所做之分析外，分析者常需針對特殊需要，進行所謂的特殊分析。特殊分析所需資訊常不以財務報表所揭露的資訊為限，通常為企業內部人員使用。例如損益兩平分析及經濟訂購量分析。

一、損益兩平分析（Break-Even Analysis）

所謂損益兩平分析係指企業在某一銷貨數量或金額上，不產生盈餘及虧損，藉此分析可幫助管理人員進行行銷策略之設計。

損益兩平點公式如下：

$$(1)\text{BEP（銷售量）}=\frac{\text{固定成本}}{\text{單位邊際貢獻}}=\frac{\text{固定成本}}{\text{單位售價}-\text{單位變動成本}}$$

$$(2)\text{BEP（銷售額）}=\frac{\text{固定成本}}{\text{邊際貢獻率}}=\frac{\text{固定成本}}{\frac{\text{單位售價}-\text{單位變動成本}}{\text{單位售價}}}$$

例：

甲公司商品每個售價為 \$300，單位變動成本為 \$200，且該公司之固定成本為 \$1,000,000，試問甲公司若要不虧錢（損益兩平）需賣出多少個商品？

解：BEP（銷售量）＝\$1,000,000÷（\$300－\$200）＝10,000 個

二、經濟訂購量分析（Economic Order Quantity Analysis）

經濟訂購量是存貨管理模型，用以決定每次最佳的訂購量，藉此使存貨總成本維持在最低水準。

EOQ 公式如下：

$$EOQ=\sqrt{\frac{2\times C\times D}{H}}$$

C＝每次訂購成本

D＝一單位期間內需求量（通常是一年內）

H＝單位儲存成本

EOQ 模型可應用在到貨期間的決定、安全存量以及數量折扣的影響等。

例：

乙公司每年需要 25,000 個 A 原料，每次的訂購成本為 \$20，每單位的儲存成本為 \$1，試問乙公司最佳的訂購量為多少？

解：$EOQ=\sqrt{\frac{2\times \$20\times 25,000}{\$1}}=1,000$ 個

第四節

財務報表分析之標準

在評估企業經營績效時，必先選定適當的標準，待與實際計算結果比較後才能定奪，而標準可分為五類，分別如下：

一、同業平均水準

在同一產業中，由於企業的經營型態不盡相同，因此不同企業間的經營就可能有很大的差距，因此將同業中所有企業的財務與經營資料，經過加總平均後，得出的同業平均水準，來作為比較依據，可得出企業在同一產業中之地位。

二、同業目標水準（Benchmark）

以同業中績效最好的公司作為比較對象，作為競爭目標或是追求目標，供作比較或激勵之用。

三、企業預定目標

將企業實際經營結果與預期相比較，得出是否達到預定的標準，進而分析差異，檢討及考核責任。

四、企業歷史水準

根據企業以往記錄，使用統計分析求得歷史的水準，透過比較來瞭解企業之經營趨勢，但如果公司規模擴大，使用此方法將產生偏差。

五、個人經驗判斷

使用個人經驗判斷之前提下，分析者必須擁有高度的知識及經驗，依其主觀訂出標準，以判斷出企業營運之優劣。

練習題

(　) 1. 有關共同比財務報表，下列何者為非：(A)是縱的財務分析 (B)可以比較公司與其他同業所支付的所得數額 (C)可以用於不同大小之公司間比較 (D)只能顯示百分比而無絕對金額。

(　) 2. 趨勢分析：(A)用來比較不同期間和基期的財務資訊 (B)用來比較損益表中，每一項目和淨銷貨收入之比率 (C)當基期之數額為 0 或負值時，應用趨勢分析 (D)用來指出基期報表中之某一項目，需作進一步調查。

(　) 3. 橫向分析：(A)可以金額、百分比或二者之增減變動表示之 (B)和共同比分析相同 (C)和比率分析相同 (D)顯示報表中的某一項目和一總數間的關係。

(　) 4. 一般所稱「橫的分析」，係指：(A)趨勢分析 (B)比率分析 (C)結構分析 (D)比較分析。

(　) 5. 下列何項屬於靜態分析？ (A)計算本期流動資產較上期增減之金額 (B)計算本期流動資產占基期流動資產金額之百分比 (C)計算本期流動資產占總資產之比率 (D)計算本期期末流動比率並與同業其他公司以往的平均流動比率比較。

(　) 6. 比較兩家營業規模相差數倍的公司時，下列何種方法最佳？ (A)共同比財務報表分析 (B)比較財務報表 (C)水平分析 (D)趨勢分析。

(　) 7. 下列何者不是財務報表分析的方法？ (A)損益兩平分析 (B)趨勢分析 (C)比較財務報表 (D)以上皆是財務報表分析方法。

(　) 8. 編製共同比財務報表係屬下列何種分析？ (A)比較分析 (B)比率分析 (C)結構分析 (D)趨勢分析。

(　) 9. 下列何者非靜態分析？ (A)比率分析 (B)結構分析 (C)共同比財務報表 (D)比較分析。

(　) 10.有關趨勢分析與比較分析之比較，下列何者為非？ (A)皆為水平分析 (B)趨勢分析僅就財務報表某部分分析，而比較分析以整個財務報表為對象 (C)作趨勢分析時應同時對照絕對數字，而比較分析有絕對數字比較法 (D)兩者皆將比較金額及增減金額同時列示。

(　) 11.共同比（Common-size）財務報表中會選擇一些項目作為 100%，這些項目包括哪些？(1)總資產　(2)股東權益　(3)銷貨總額　(4)銷貨淨額
(A)(1)和(3)　(B)(1)和(4)　(C)(2)和(3)　(D)(2)和(4)。

(　) 12.下列何者為動態分析？　(A)同一報表科目與類別的比較　(B)不同期間報表科目互相比較　(C)比率分析　(D)相同科目數字上的結構比較。

(　) 13.連續多年或多期財務報表間，相同項目或科目增減變化之比較分析，稱為　(A)比率分析　(B)垂直分析　(C)水平分析　(D)共同比分析。

(　) 14.共同比（Common-size）財務報表的分析是屬於：　(A)結構分析　(B)比較分析　(C)趨勢分析　(D)比率分析。

(　) 15.下列對比較分析之敘述，何者正確？　(A)銷貨增加表示獲利一定增加　(B)比較分析應考慮物價變動之影響　(C)負債增加為不利經營之現象　(D)擴充廠房必須發行新股籌措資金。

(　) 16.甲公司 99 年到 101 年之毛利分別為 \$10,000，\$11,000 及 \$12,500，若 99 年為基期，則 100 及 101 年之百分比為：　(A)10% 及 25%　(B)22% 及 25%　(C)220% 及 250%　(D)110% 及 125%。

(　) 17.在縱向分析中，資產負債表之流動資產為 12%，總資產、負債及業主權益分別為 \$80,000，\$40,000 及 \$40,000，則流動資產之數額為：　(A)\$14,000　(B)\$9,600　(C)\$7,200　(D)\$4,800。

(　) 18.共同比（common-size）損益表是以哪一個項目金額為 100%？　(A)銷貨總額　(B)賒銷總額　(C)銷貨淨額　(D)本期淨利。

(　) 19.財務比率分析並未分析下列公司何項財務特質？　(A)流動能力與變現性　(B)槓桿係數　(C)購買力風險　(D)獲利能力的速度。

(　) 20.共同比資產負債表係以下列何者為總數？　(A)資產　(B)負債　(C)股東權益　(D)收益。

(　) 21.下列對費用分析的敘述，何者為非？　(A)應看其費用是否正當的分類　(B)注意費用與收入兩者關係　(C)任意性費用不影響盈餘品質　(D)以上所述皆不正確。

解答：

1.	B	2.	A	3.	A	4.	A	5.	C
6.	A	7.	D	8.	C	9.	D	10.	D
11.	B	12.	B	13.	C	14.	A	15.	B
16.	D	17.	B	18.	C	29.	C	20.	A
21.	C								

PART II

現金流量分析

第四章

營業活動

營業活動是指企業在特定的投資與籌資活動下，執行公司的經營計畫。損益表是衡量企業在某一段期間的經營成果，所反映的為企業的營業活動，盈餘是企業營業活動的結果。然而，盈餘的帳面價值應作可能的會計分析性調整，以衡量企業的經營成果，正確的表達企業的獲利能力。

第一節

收益的認列

一、收益認列的時點

編製企業的財務報表時，應以會計基礎來編製，對於何時認列收益是重要的。若收益認列在錯誤的時點，也就是說提早認列或是延遲認列，而使得收益歸屬在錯誤的會計期間，會使得損益分析遭到扭曲，造成企業操縱損益的機會。

根據 IAS18 規定，收入必須同時符合下列兩項條件才能認列為當期收入：

(一)已實現（Realized）或可實現（Realizable）

所謂已實現是指商品或勞務已交換現金或對現金之請求權，亦即有交易發生。

所謂可實現係指商品或勞務有公開活潑市場及明確之市價，隨時可以出售變現，而無須支付重大的推銷費用或蒙受重大的削價求售損失。

(二)已賺得（Earned）

係指賺取收益的活動全部或大部分已完成，所需投入的成本已全部或大部分投入。

舉例來說，長期工程合約採用完工比例法時，是按工程進度認列收益，主要是因為工程合約在簽約時銷貨交易已經完成，業主及承包商均有義務及能力履行合約，承包商收款的可能性有合理的保障，工程合約可視為連續性的銷貨，隨著工程成本的投入，收益已實現並已賺得。又如貴金屬或大宗農產品，在生產完成尚未出售前即認列收益，主要是因為成本已全部投入，在生產完成時符合已賺得的條件，又因為隨時可按市價或保證價格出售，符合已實現原則。

假設大有雜誌社於 98 年 10 月收到訂戶預定一年雜誌的款項 \$24,000，雜誌是每個月初發行，並於同年 11 月開始寄發雜誌，那麼在 98 年底應認列多少收入呢？由於大有公司已於 98 年 10 月收到款項 \$24,000，以符合已實現原則，但由於一年份的雜誌還未完全寄出，不符合收益的活動全部或大部份完成，故不得全部認列收入；年底時，已將兩個月的雜誌寄出，故只能認列兩個月的收入，即為 $(\$24{,}000 \div 12) \times 2 = \$4{,}000$，故於年底時應認列 \$4,000 的收入。

在實務上，有時需要判斷是否已達銷售點。但企業交付商品後，仍須承擔風險時，此時該筆交易不能視為出售，不得認列為收入。

(一)附退貨權之銷貨

附退貨權之銷貨收入是指買方具有退貨權利之銷貨收入。如圖書出版業者、唱片業、運動器材及食品業等，基於行業的習慣，通常允許買方在一定期間內退貨還錢，因此具有很高的退貨率。由於退貨期間很長，是否在銷貨時認列為收益，是令人爭議的問題。一般而言，若退貨情況無法合理估計，商品之風險及報酬尚未移轉，不應在銷貨點時認列收益。根據美國財務會計準則公報第 48 號規定，具有高退貨率之銷貨，應全部符合下列各項條件，才能在銷貨時認列收益：

⑴銷貨價格在銷售時已相當固定或可決定。

⑵買方已支付價款，或已有支付價款之義務，且該義務不受能否將商品再出售的影響。

⑶買方支付價款之義務不因產品被竊、損毀或滅失而改變。

⑷買方與賣方是兩個真正的個體。

⑸賣方無重大義務以協助買方推銷產品。

⑹未來退貨的金額能合理的估計。

如果完全符合上述條件，可在銷貨時認列銷貨收入，並欲提備抵銷貨退回及讓價，如有任何一項條件未符合，則不當銷貨處理，應將銷貨毛利予以遞延。

(二)附買回協議之銷貨

有些公司利用存貨作為短期融資的手段，先將存貨出售給其他公司，再簽約在一定的期間後按一定的價格買回。依據 IAS18 規定，附買回協議之銷貨，是不具有交易的實質效果，在此情況下，出售及再買回的兩項交易應合併考慮，不應在銷售商品時認列銷貨收入。最常見之交易為產品融資合約。此種產品融資合約，雖然表面上所有權已經移轉，但實際上只是一種借款而不是真正的銷貨，故不得當銷貨處理，存貨不得轉銷，並應認列負債及利息費用。

例：

華菱公司在 101 年 5 月 1 日將成本 $100,000，售價 $120,000 的商品賣給阿德公司時約定，華菱公司在 101 年 11 月 1 日需再將商品按 $150,000 買回。試做華菱公司相關的分錄

解：

101/5/1

現金	$120,000	
質押借款		$120,000

101/11/1

質押借款	$120,000	
利息費用	30,000	
現金		$150,000

二、收益認列的衡量

根據 IAS18 規定，收入宜按已收或應收對價之公平市價衡量。例如：企業在銷售商品時可能提供買方零利率之條件，或接受票面利率低於市場利率之

應收票據，此時對價的公平市價是未來現金流量以設算利率計算之折現值。而對價的公平市價與名目金額之差額，按利息法認列利息收入。

例：

假設快樂公司於 101 年 1 月 1 日出售機器一部給甲公司，收到面額 $200,000 的本票，附息 5%，三年到期，於每年年底附息。經過評估與甲公司信用等級相當發行者，所發行類似金融商品之市場利率為 8%，則快樂公司此項銷貨收入應認列多少？

解：計算公平價值：

本金之複利現值	$200,000×0.793832＝	$158,766
利息之年金現值	$ 10,000×2.577097＝	25,771
票據現值（公平價值）		$184,537
應收票據折價為	$200,000－$184,537＝	$ 15,463

折價應於票面期間內，依利息法按年攤銷為利息收入。

若為一年以內到期的應收票據，因公平價值與到期值的差距不大，根據 IAS18 規定，得不以公平價值評價。

三、建造合約收入之認列與衡量

根據 ISA11 規定，建造合約為一承建工程，其工期在一年以上之合約，其會計處理方法有兩種：

(一)成本回收法

係指工程全部完工，或大部分已完工時，認列工程收益的方法。

(二)完工百分比法

指工程利益按工程完工比例認列工程收入。

四、完工百分比法及成本回收法之工程損益之衡量

(一)完工百分比法之工程損益衡量

完工百分比法係依照建造合約之工程進度認列收入、成本與毛利。衡量完工百分比例的方法通常使用工程成本比例法。

工程成本比例法係按截至本期止已投入累計實際成本，佔本期末估計總成本之比例以衡量完工比例，其計算公式如下：

$$\frac{\text{至本期止已投入累積實際成本}}{\text{本期末估計總成本}} = \text{完工比例}$$

至本期止累積應認列之收入＝工程總收入×完工比例

本期應認列收入＝至本期止累積應認列收入－以前年度已認列收入

本期應認列的工程費用＝（估計工程總成本×完工比例）－以前年度已認列的費用

本期工程利益＝本期應認列之收入－本期應承認的工程費用

(二)成本回收法之工程損益衡量

成本回收法應僅就預期很有可能回收之已發生成本範圍內認列收入。但若發生損失時，應於發生損失年度認列所有損失。

例：

安和公司在 99 年承包工程一件，其承包價款為 $8,000,000，歷時三年完工，其三年的相關資料如下

	99 年	100 年	101 年
當年發生的成本	$1,800,000	$2,750,000	$2,050,000
估計尚需投入之成本	4,200,000	1,950,000	0
當年請款金額	2,500,000	3,700,000	1,800,000
實際收款金額	2,200,000	3,500,000	2,300,000

試分別按完工百分比法及成本回收法，計算每年應承認之工程損益。

解：在完工百分比法下：

99 年

完工比例為 $1,800,000÷$6,00,000＝30%

本期應認列的收入＝$8,000,000×30%＝$2,400,000

本期應承認的工程費用＝($4,200,000＋$1,800,000)×30%＝$1,800,000

本期工程利益＝$2,400,000－$1,800,000＝$600,000

100 年

完工比例為 ($1,800,000＋$2,750,000)÷($1,800,000＋$2,750,000＋$1,950,000)＝70%

本期應認列的收入＝$8,000,000×70%－$2,400,000＝$3,200,000

本期應承認的工程費用＝($1,800,000＋$2,750,000＋$1,950,000)×70%－$1,800,000＝$2,750,000

本期工程利益＝$3,200,000－$2,750,000＝$450,000

101 年

本期應認列的收入＝$8,000,000－$2,400,000－$3,200,000＝$2,400,000

本期應承認的工程費用＝$1,800,000＋$2,750,000＋$2,050,000－$1,800,000－$2,750,000＝$2,050,000

本期工程利益＝$2,400,000－$2,050,000＝$350,000

在成本回收法之下：

99 年工程利益＝0

100 年工程利益＝0

101 年工程利益＝$8,000,000－$6,600,000＝$1,400,000

在完工百分比法之下，工程損益配合工程進度，在施工期間認列，較能反映各年度的營運成果。在成本回收法之下，在工程沒有完工之前不認列任何利益，卻在完工年度認列全部的利益，而使得該年度產生較多的純益，易造成盈餘扭曲。兩種衡量方法下的工程毛利皆相同，但各年度工程毛利的報導卻有重大差異。根據 IAS11 規定，當工程損益可以合理估計時，應採用完工百分比法，不得採用成本回收法。

五、分期付款銷貨收入之認列與衡量

分期付款銷貨的特性，是收款期間長。所以，分期付款銷貨收入的認列，應該視應收帳款的收現可能性以及壞帳是否能合理估計，而有不同的衡量方法。

當應收帳款收現可能性具有重大不確定性，且無法合理估計壞帳時，應採用分期付款法或成本回收法；否則一般的分期付款銷貨，仍應按普通銷貨法在銷貨時認列收入。

(一)普通銷貨法

分期付款銷貨，若壞帳能夠合理估計，應於銷貨時認列銷貨收入，並預估壞帳入帳。在普通銷貨法下，由於銷售商品符合各項收益認列條件，故應在銷貨時認列相關的收入與成本。

若分期付款價格高於現銷價格，代表含有延期利息，其利息部分在銷貨時，應先列為未實現利息收入，日後在分期按利息法認列利息收入。在資產負債表上，此一未實現利息收入，應認列為應收分期帳款的減項。

例：

加權公司在 101 年初以分期付款方式出售成本 $630,000 的機器一部，當日立即收現 $100,000，餘款自 101 年底開始以分五期收款，每期收款 $211,038。若該機器的現銷價格為 $900,000，分期付款的利率為 10% 且分期應收帳款的收現無重大不確定性，試作 101 年有關分錄。

解：

101/1/1

現金	100,000	
應收分期帳款	1,055,190	
銷貨收入		900,000
未實現利息收入		255,190

101/12/31

現金	211,038	
應收分期帳款		211,038
未實現利息收入	80,000	
利息收入		80,000

(二)分期付款法

分期付款法是指銷貨時不認列收益，等到帳款收現時再按收帳比例認列收益。分期付款法僅適用帳款收現可能性有重大不確定性，無法合理估計壞帳金額時的分期付款銷貨。其會計處理為銷貨收入及銷貨成本仍在銷貨當期入帳，僅將銷貨毛利遞延，此項遞延毛利稱之為分期付款銷貨遞延毛利，在資產負債表上，應列為應收分期帳款的減項。等到收到現金時再按收帳比例將遞延毛利轉為已實現毛利。

例：

假設大有公司的分期付款銷貨資料如下：（不附加利息）

	101 年
分期付款銷貨收入	$100,000
分期付款銷貨成本	60,000
收現情形	
101 年銷貨	40,000

試作相關分錄。

解：根據上列資料可得的銷貨毛利率為

101 年：($100,000－$60,000)÷$100,000＝40%

101 年度

		借	貸
銷貨時	應收分期帳款－101 年	100,000	
	分期付款銷貨收入		100,000
收現時	現金	40,000	
	應收分期帳款－101 年		40,000
期末時	分期付款銷貨成本	60,000	
	存貨		60,000
	分期付款銷貨收入	100,000	
	分期付款銷貨成本		60,000
	分期付款銷貨遞延毛利		40,000
	分期付款銷貨遞延毛利	16,000	
	已實現分期付款銷貨毛利		16,000

(三)成本回收法

成本回收法是指銷貨時不認列收益，帳款收現時先作為成本的收回，等所有的銷貨成本回收後，再有收現的時候全部認列已實現毛利。也就是說，有關銷貨收入及銷貨成本仍於銷貨當期入帳，僅將銷貨毛利加以遞延，此與分期付款法相似。主要不同點在於分期付款法於收現時，依收帳比率認列已實現毛利，而成本回收法等累積收到現金額超過成本時才認列已實現毛利。成本回收法比分期付款法更為保守，主要適用於帳款收現可能性高度不確定的分期付款銷貨。

六、特許權收入之認列與衡量

自創品牌的特許權授權者通常以出售特許權的方式，授權他人經營其特殊企業，並協助加盟者順利營運。而特許權授權公司主要特許權收入來源有兩種：

(一)原始特許權費

雙方簽定權利契約後，由出售特許權人提供某些原始服務，如協助選擇營業地點、訓練員工等等，而購買特許權的人須支付的費用。此項特許權收入，應等授權公司以履行大部分義務時，且權利金收現部分可以可靠衡量時，才可認列收入。若在協助創業之義務未全部或大部分完成前，特許權收入尚未賺得，應列為負債（遞延權利金收入）。

(二)續付特許權費

由出售特許權人在營業期間繼續提供服務，如廣告、推廣等等，而由購買人定期支付權利金。續付特許權收入，應符合收益實現原則才可認列為收入。

依據 IAS18 規定，權利金收入應於符合下列所有條件時認列：

1. 與交易有關之經濟效益很有可能流向企業。
2. 收入金額能可靠衡量。

而權利金收入應依照相關合約之實質內容，按權責發生基礎認列。

第二節

費用的認列與衡量

藉由收益認列及費用支出的配合可以衡量企業的損益。收益認列是企業損益衡量的起點，在收益認列後，將相關的成本費用與認列的收益相配合，以得出企業損益。

一、資本化的衡量

利息資本化之主要目是為了使資產的取得成本更能反映該資產的總成本，除此之外，取得資產的相關成本得在未來資產的使用年限中分攤，以達到收入費用配合原則。利息資本化通常要考慮三方面的問題：

1. 應資本化之資產。
2. 應資本化之期間。
3. 應資本化之金額。

(一)應利息資本化之資產

應利息資本化之資產有兩類：

1. 為供企業本身使用而購置，或由自己或委由他人建造之資產。
2. 專案建造或生產以供出租或出售之資產。例如：建造船舶、開發不動產或營建業建造房屋等。

但下列資產不得將其利息資本化：

1. 短期間內經常製造或重複大量生產之存貨。
2. 已供或已能供營業使用之資產。
3. 目前雖未能供營業使用，但也未再進行使其達到可供使用之必要購置或建造工作之資產。例如：未開發的土地。

(二)應利息資本化之期間

資本化期間是指利息必須資本化的期間，應開始利息資本化的三項條件：

1. 購建資產之支出已經發生。
2. 正在進行使該資產達到可用狀態及地點之必要工作。
3. 利息已經發生。

上列三項條件同時繼續存在時，利息資本化應繼續進行。在資產已完工可供使用或出售時，應停止利息資本化。

(三)應利息資本化之金額

對於應利息資本化之資產，所應利息資本化之金額，僅限於該建構期間，為支付該項資產成本所必須負擔之利息，每一會計期間，每項資產得利息資本化之金額為：

累積支出平均數×利率＝可免利息

1. 累積支出平均數

在計算累積支出平均數時，以購建支出可能發生利息支出之時間加權。

例：

假設阿德公司在 101 年初開始建置廠房，98 年底建造完成，資金投入的金額及日期分別為 1/3 $800,000，5/1 $1,000,000，10/1 $900,000，計算 101 年累積平均支出的金額。

解：$800,000×12/12＋$1,000,000×8/12＋$900,00×3/12＝$1,691,667

2. 利息資本化之利率

計算資本化之利息時，所適用的利率，依據 IAS23 規定：

(1)累積支出平均數，若小於或等於該項資產之專案借款金額，則應使用此項專案借款利率。

(2)累積支出平均數，若大於該項資產之專案借款金額，則超過部分應使用其他應負擔利息之債務的加權平均利率為資本化利率計算。

3. 應利息資本化之金額

可免利息與實際利息成本取較小者。

例：

同上題，公司帳上的借款：專案借款金額為 $2,000,000（利率 10%），長期借款金額 $900,000（利率 6%），應付公司債 $600,000（利率 8%），試計算 98 年度應資本化的金額。

解：一般借款累積平均支出

$$[(800,000+1,000,000+900,000)-2,000,000]\times\frac{3}{12}=\$175,000$$

其他計息負債之加權平均利率

$$900,000\times6\%+600,000\times8\%/900,000+600,000=6.8\%$$

可免利息

$$175,000\times6.8\%=\$11,900$$

實際利息成本

$$2,000,000\times10\%+900,000\times6\%+600,000\times8\%=\$287,000>11,900$$

資本化利息

$$2,000,000\times10\%+11,900=\$211,900$$

一般而言，資本化之利息應併入固定資產的成本，並透過折舊攤提逐期轉為費用，不適當的利息資本化，會使得財務報表上報導較高的資產總額，資本化當年的純益也較高，同時也會影響相關的投資報酬率，故在分析財務報表時，對於利息資本化的部分應多加注意，避免公司高層蓄意扭曲財務報表。

二、所得分析及表達

所得稅是公司一項非常重要的費用。根據一般公認會計原則所認列的所得為財務所得。依據稅法推定所列計的所得稱之為課稅所得。然而，因稅法與財務會計準則對資產、負債、權益、收益、費用、利得與損失之認列與衡量可能有所不同，以致產生差異，差異按其原因及性質，可歸納為四類：

1. 永久性差異。
2. 暫時性差異。
3. 直接借記或貸記股東權益項目所產生之差異。
4. 虧損扣抵遞轉所產生之差異。

(一)永久性差異

所謂永久性差異，是指財務會計與稅法規定所發生的差異，影響僅及於當期課稅所得，不會產生未來之應課稅金額或可減除金額，也沒有未來所得稅影響數，故無須做跨期間的所得稅分攤。

例如：交際費、捐贈等超過稅法規定之部分不予認定，但財務報表上仍認列為費用。

(二)暫時性差異

主要是因為收益與費用在財務會計上認列的年度，與報稅時認列的年度不同而發生差異。由於財務會計與稅法對於收益或費用認列之時點不一致，致使稅前財務所得與課稅所得產生暫時性差異，同時造成資產或負債之課稅基礎與帳面價值之暫時性差異。當稅前財務所得大於課稅所得的暫時性差異，產生未來應課稅金額，應認列遞延所得稅負債，反之，產生未來可減除金額，應認列為遞延所得稅資產。

例如：產品售後服務保證之成本，財務報表上應於銷貨時估列費用，而依稅法規定則須等實際發生時才可作費用減除，因而產生未來可減除金額。固定資產之折舊，報稅時採定率遞減法，而財務報表上採用直線法，在固定資產使用初期，報稅之折舊費用較財務報表上認列之折舊費用為多，因而產生未來應課稅金額。

除了上述由於時間性差異而產生的暫時性差異之外，還有其他因稅法的規定而使資產或負債的課稅基礎與帳面價值不同所產生的暫時性差異。

(三)直接借記或貸記股東權益項目所產生之差異

有些項目直接借記或貸記股東權益，而不列入本期損益的計算，故不影響本期的稅前財務所得。但某些項目依稅法規定應列入課稅所得計算，因而產生差異，此項差異是屬於永久性差異的部分。舉例來說，前期損益調整應轉入保留盈餘，不包括在財務所得，但依稅法規定應列入課稅所得。

有些直接借記或貸記股東權益項目所產生之差異是屬於暫時性差異的部份。例如，備供出售證券投資採用市價法，帳上應認列未實現持有損益（權益），依稅法規定，該項損益應在未來處分年度才列入課稅所得，因而使得證券投資的帳面價值與課稅基礎不同而發生暫時性差異。

(四)虧損扣抵遞轉所產生的差異

依我國稅法規定，公司本年度的虧損可以遞轉在以後五年，用以抵銷課稅所得時適用，而在計算稅前財務所得時並不適用，因而使稅前財務所得與課稅所得發生差異。

第三節

其他表達項目

依 IAS1 之規定，所謂綜合損益；包含本期損益及其他綜合損益二部份，可分別或合併編製一「綜合損益表」。依此細分，綜合損益表由下列各項組成；繼續經營部門損益、停業部門損益與其他綜合損益三部份所組成。以往我國財務會計準則規定性質特殊、不常發生之項目列為非常損益。但是 IASB 認為非常損益涉及高度主觀判斷，易扭曲企業盈餘。基於上述，IAS1 規定，於損益表或附註中，皆不得將任何損益表達為非常項目。

一、非經常性項目

在損益表上，通常列示在繼續營業部門損益下方依序為停業部門損益、會計原則變動累積影響數。

(一)停業部門損益

企業如果在年度中處分一個重要部門，此項資訊在財務報表上需做適當的表達。因為，被處分部門之損益資料，對於報表使用人預測未來盈餘及現金流量極為重要。

影響停業部門損益的衡量與報導通常有兩個日期：衡量日及處分日。衡量日，是指管理當局正式核准處分計畫的日期；處分日，是指處分完成的日期；而衡量日至處分日之期間稱為處分期間。因此，停業部門損益應分為兩部分表達：

1. 當年度營業損益：自年度開始日至衡量日所發生之營業損益。
2. 處分損益：指處分期間所發生之損益，包括兩部分：處分期間之營業損益、淨資產出售或報廢之損益。在衡量日應估計整個處分期間的損益，若估計為損失的時候，在衡量日應立即認列損失；若估計為利得，應等到實現的時候才能認列。

上項有關停業部門損益，均應在衡量日衡量。在損益表上，均以稅後淨額表達。

例：

大河公司在 100 年 9 月 1 日處分旗下的出版部門，該部門在 100 年 8 月底以前有營業淨利 $200,000，9 月 1 日到 12 月 31 日有營業損失 $500,000，預計 101 年初至 4 月 30 日有 $300,000 的營業損失，估計 4 月 30 日處分出版部門將有 $400,000 的利益。假設所得稅率為 25%，依據目前我國的規定，100 年大河公司損益表中所列停業部門損益的金額應為多少？

解：營業利得＝$200,000

處分損失＝$500,000＋$300,000－$400,000＝$400,000

停業部門損失＝($400,000－$200,000)×(1－25%)＝$150,000

(二)會計原則變動累積影響數

會計變動可分為會計原則變動、會計估計變動及編製報表主體變動三大類。所謂會計原則變動，是指從一種一般公認會計原則改用至另一種一般公認會計原則，新舊會計原則對變動以前年度累積損益的差額。例如：存貨評價由先進先出改為平均法，固定資產折舊方法由直線法改為年數合計法等。會計估計變動係指因新經驗的累積、新資料之獲得或新事項之發生而修正以往之估計者。由於企業經營具有不確定性，故使財務報表中許多項目只能估計而無法精確衡量。例如：呆帳損失、存貨過時損失等。

依 IAS8 之規定，除追溯重編於實務不可行之情況外，所有會計原則變動皆須追溯重編以前年度財務報表。會計原則變動累計影響數為會計原則變動當其期初；因會計原則變動至使期初保留盈餘改變之金額，該金額列示於期初保留盈餘下，作為期初保留盈餘之調整數。

二、營業外損益

IAS1 並未要求列示營業淨利。但是依實務而言，我國企業習慣將收益與費損區分為營業與營業外二部份。以下將針對營業外損益介紹之。

營業外損益是指與企業主要營業活動無關的任何收入與費用，都不屬於營業淨利的一部分。

通常包括三大類：

1. 具重複性但與主要營業活動無直接關聯者。例如：利息收入與利息費用、租金收入、股利收入等。
2. 處分資產的損益。例如：出售機器設備之損益、報廢損失等等。
3. 性質特殊或不常發生之重大損益。例如：資產價值減損。符合性質特殊或不常發生其中任一條件的交易事項，但非指兩者條件兼具，在損益表上應單獨揭露為繼續營業部門損益的一部分。

區別營業損益與營業外損益最主要的目標，即是將投資與營業、融資決策加以區分開來。

三、其他綜合損益

現行之綜合損益，乃是由本期損益及其他綜合損益所組成。根據 IAS1 之規定，所謂其他綜合損益係指收益及費損項目，未列入本期損益者。所謂累計其他綜合損益，乃是本期其他綜合損益之累計數。後述將分別介紹其他綜合損益之內容與表達及累計其他綜合損益之表達。

(一)其他綜合損益之內容與表達

其他綜合損益之內容由下列五項組成：

1. 資產重估增值的變動。
2. 確定福利計畫之精算損益。
3. 國外營運機構財務報表換算所產生的損益。
4. 非交易目的金融資產公允價值變動之未實現損益。
5. 現金流量避險屬於有效避險部份之避險工具公允價值變動損益。

上述五項之變動數，亦即本期發生之其他綜合損益應於綜合損益表中列於本期損益之下。其他綜合損益之各組成項目可以下列兩法表達之：

1. 以稅前金額表達，另列示所得稅費用（利益）。
2. 以稅後淨額表達。

以稅前金額表達	
其他綜合（損）益	
金融工具公允價值變動	$ (180,000)
退休金福利精算損失	(120,000)
換算調整利益	180,000
所得稅利益	12,000
其他綜合損失合計（稅後）	$(108,000)

以稅後淨額表達	
其他綜合損益	
金融工具公允價值變動	$(162,000)
退休金福利精算損失	(108,000)
換算調整利益	162,000
其他綜合損失合計（稅後）	$(108,000)

(二)累計其他綜合損益之表達

依 IAS1 之規定，累計其他綜合損益應以股本、資本公積與保留盈餘以外之科目列示之，其表達方式有二：

1. 於資產負債表之權益中，針對其他綜合損益之各組成項目，分別列示其累計數。
2. 於資產附表之權益中，以單一金額列示其他綜合損益之累計數，並針對其個別項目組成，於附註揭露之。

(三)其他綜合損益之重分類調整

依 IAS1 之規定，所謂重分類調整，乃是本期損益及其他綜合損益間之轉換。其報導方式，可直接列示於綜合損益表中；亦可揭露於財務報表之附註中。發生其他綜合損益重分類調整的情況有二：

1. 處分國外營運機構。
2. 現金流量避險之被避險項目的損益變動將影響本期損益時。

以處分國外營運機構為例，因處分國外營運機構之一而部分實現時，應將該已實現損益自其他綜合損益項下扣除，並列入當期損益之計算。

論及重估增值變動、確定福利計畫精算損益與非交易目的金融資產公允價值變動之未實現損益，於後續使用或除列時轉列於保留盈餘，故並不涉重分類調整之議題。

第四節

現金流量表及營業活動現金流量

現金流量表是四種主要報表之一，目的在幫助報表使用者評估企業未來產生淨現金流入、償還負債及支付股利的能力，瞭解本期損益與營業活動所產生現金流量間的差異及其原因，以及本期現金與非現金的投資與融資活動對於財務狀況的影響。現金流量表在格式上將現金流入與現金流出分為營業、投資及融資活動三大類，本節僅介紹營業活動現金流量的部份，投資及融資活動分別於第五、六章做詳細的介紹。

一、營業活動的現金流入及流出

依據我國財務會計準則公報第 17 號規定，營業活動係指企業產生主要營業收入之活動，及其他非屬投資或融資之活動，如產銷商品或提供勞務。營業活動之現金流量係指列入損益計算之交易及其他事項所產生之現金流入與流出。

(一)營業活動現金流入

通常包括：

1. 現銷商品及勞務、應收帳款或票據收現。
2. 收取利息及股利。
3. 處分因交易目的而持有之權益證券及債權憑證所產生之現金流入。
4. 因交易目的而持有之期貨、遠期合約、交換、選擇權合約、或其他性質類似之金融商品所產生之現金流入。
5. 其他非因投資活動及融資活動所產生之現金流入，如：訴訟受償款、存貨保險理賠款等。

(二)營業活動現金流出

通常包括：

1. 現購商品及原料，償還供應商帳款及票據。
2. 支付各項營業成本及費用。
3. 支付稅捐、罰款及規費。
4. 支付利息。
5. 取得因交易目的而持有之權益證券及債權憑證所產生之現金流出。
6. 因交易目的而持有之期貨、遠期合約、交換、選擇權合約、或其他性質類似之金融商品所產生之現金流出。
7. 其他非因投資活動及融資活動所產生之現金流出，如：訴訟賠償款、捐贈及退還顧客貨款等

營業活動之現金流量包括影響當期損益之交易及其他事項，有助於瞭解當期損益與營業活動淨現金流量間之差異，故將因融資活動所產生之利息費用付現及投資活動而產生之利息收入及股利收入收現，均視為營業活動之現金流量。

・與損益有關之交易：
　處分資產損益：與投資活動有關
　償還債務損益：與籌資活動有關
　其他各項損益：與營業活動有關
・買賣證券投資之現金流量
　交易目的：營業活動
　非交易目的：投資活動

二、營業活動現金流量之表達方式

營業活動現金流量的表達方式分為間接法及直接法：

(一)間接法

間接法是指從損益表中本期損益調整當期不影響現金之損益項目、與損

益有關之流動資產及流動負債項目之變動金額、資產處分及債務清償之損益項目，以求算當期由營業產生之淨現金流入或流出。

(二)直接法

直接法是直接列出當期營業活動所產生之各項現金流入及現金流出，也就是說直接將損益表中與營業活動有關之各項目由應計基礎轉換成現金基礎以求算之。

三、營業活動現金流量之計算

(一)間接法

本期純益
+債務清償損失
−債務清償利得
+資產處分損失
−資產處分利得
（以上四項：附註(一)）
+不影響現金之損失項目
−不影響現金之利得項目
（以上兩項：附註(二)）
+流動資產減少數、流動負債增加數
−流動資產增加數、流動負債減少數

由營業產生之淨現金流入或流出

<u>附注(一) 資產處分與債務清償損益</u>

因為與營業活動無關，應從淨利中調整剔除。

<u>附注(二) 不影響現金流量之損益</u>

1. 折舊、折耗。
2. 無形資產之攤銷。
3. 應付公司債折（溢）價及發行成本之攤銷。

4. 長期債券投資溢折價攤銷。
5. 權益法認列之投資損失。
6. 遞延所得稅負債（資產）變動。
7. 遞延所得稅資產（負債）變動。
8. 退休金負債變動。
9. 預付退休金變動。
10. 會計原則變動之累積影響數。

(二)直接法

採直接法報導營業活動之現金流量時，至少應分別列示下列現金收支項目：

1. 銷貨之收現。
2. 利息收入及股利收入之收現。
3. 其他營業收益之收現。
4. 進貨之付現。
5. 薪資之付現。
6. 利息費用之付現。
7. 所得稅費用之付現。
8. 其他營業費用之付現。

企業視實際需要，得就上述項目作更詳細之分類。

營業現金流量金額		損益表金額	調　整
銷貨收現	=	銷貨收現	+(−)應收帳款總額減少（增加）
			+(−)預收貨款增加（減少）
			+壞帳收回−沖銷壞帳

營業現金流量金額		損益表金額	調　整
利息收入收現	=	利息收入	+(−)應收利息減少（增加）
			+(−)債券投資溢（折）價攤銷

營業現金流量金額		損益表金額	調　整
其他收益收現	＝	其他收益	＋(－)應收收益減少（增加）
			＋(－)預收收益增加（減少）

營業現金流量金額		損益表金額	調　整
進貨付現	＝	銷貨成本	＋(－)存貨增加（減少）
			＋(－)應付帳款減少（增加）

營業現金流量金額		損益表金額	調　整
營業費用付現	＝	營業費用	＋(－)應付費用減少（增加）
			＋(－)預付費用增加（減少）
			－非現金項目（折舊、攤銷、壞帳）

營業現金流量金額		損益表金額	調　整
利息費用付現	＝	利息費用	＋(－)應付利息減少（增加）
			＋(－)公司債溢（折）價攤銷

營業現金流量金額		損益表金額	調　整
所得稅付現	＝	所得稅費用	＋(－)應付所得稅減少（增加）
			＋(－)遞延所得稅負債減少（增加）
			＋(－)遞延所得稅資產增加（減少）

例：

荷葉公司在101年簡明的損益表資料如下：

銷貨收入	$100,000
銷貨成本	58,000
銷貨毛利	$42,000
營業費用	

折舊費用	$ 8,000	
其它費用	12,000	20,000
稅前淨利		$22,000
所得稅費用		6,600
淨利		$15,400

98 年流動資產及流動負債科目的餘額變動如下：

現金增加數	$3,700
應收帳款減少數	$4,000
存貨增加數	$8,900
應付帳款減少數	$4,600
應付薪資增加數	$1,700

試以直接法及間接法計算荷葉公司現金流量表上由營業產生現金流量的部份。

解：直接法下：

由顧客處收現數＝$100,000＋$4,0000＝$104,000

支付供應商的現金＝$58,000＋$8,900＋$4,600＝$71,500

支付營業費用的現金＝$12,000－$1,700＝$10,300

支付所得稅的現金＝$6,600

營業活動現金流量

$104,000－$71,500－$10,300－$6,600＝$15,600

間接法下：

淨利	$15,400
加：折舊費用	8,000
應收帳款減少數	4,000
應付薪資增加數	1,700
減：存貨的增加數	(8,900)
應付帳款減少數	(4,600)
由營業活動所產生的現金流量	$15,600

練習題

(　) 1. 以直接法編製現金流量表時，下列項目何者不會出現？ (A)支付給供應商之現金 (B)自顧客收到之現金數 (C)折舊費用 (D)收到現金股利。

(　) 2. 仁愛公司之 102 年度財務報告中列示之淨利為 $40,000；此外，折舊費用為 $20,000，並認列出售設備利得 $13,000。102 年度期末比期初之存貨減少 $14,000，應付帳款減少 $16,000，試問仁愛公司 102 年度來自營業活動之淨現金流量為： (A)$103,000 (B)$21,000 (C)$77,000 (D)$45,000。

(　) 3. 忠孝公司 102 年 12 月 31 日之損益表上列有銷貨成本 $500,000，102 年之期末存貨比期初減少 $14,000 且期末應付帳款亦比期初數減少 $16,000，試問 102 年度付給供應商之現金金額為？ (A)$498,000 (B)$530,000 (C)$478,000 (D)$502,000。

(　) 4. 下列哪一項屬損益表上停業部門項目？ (A)快樂紡織公司出售旗下大哥大通訊業務部門 (B)大有百貨關閉連年虧損的桃園分店 (C)歡喜糕餅屋結束利潤較薄的麵包批發，轉向素食餅市場 (D)以上皆是。

(　) 5. 和平公司在民國 102 年度淨利為 $40,000。當年度存貨減少 $14,000，應收帳款減少 $16,000，折舊費用為 $15,000，其他科目餘額不變。其來自營業活動現金流量為： (A)$103,000 (B)$21,000 (C)$77,000 (D)$83,000。

(　) 6. 若公司應收帳款期初餘額為 $880,000，期末餘額為 $990,000，本期之銷貨為 $2,800,000，則本身自顧客處收現數為多少？ (A)$2,690,000 (B)$2,800,000 (C)$2,910,000 (D)$3,290,000。

(　) 7. 桃元公司 102 年度淨利為 $850,000，應收帳款增加 $400,000，存貨減少 $500,000 及應付帳款增加 $300,000，試問以間接法編製現金流量表時，該公司 102 年度營業活動之淨現金流量為多少？ (A)$250,000 (B)$450,000 (C)$650,000 (D)$1,250,000。

(　) 8. 精誠公司 102 年度銷貨成本 2,000 萬元，期初存貨 500 萬元，期末存貨 800 萬元，試問精誠公司 102 年度購貨金額為多少元？ (A)2,000 萬元 (B)1,800 萬元 (C)1,000 萬元 (D)2,300 萬元。

(　) 9. 編製現金流量表時，商譽之攤銷應計為： (A)採直接法下，作為本期淨利之

加項 (B)採直接法下，作為本期淨利之減項 (C)採間接法下，作為本期淨利之加項 (D)採間接法下，作為本期淨利之減項。

( ) 10.以公司當年度銷貨收入為 $129,000，應收帳款期初餘額為 $44,000，期末餘額為 $42,000，則該公司當年度由客户收到的現金為： (A)$127,000 (B)$129,000 (C)$131,000 (D)$141,000。

( ) 11.以間接法編製現金流量表時，為了計算營業活動的現金流量，下列哪一個項目必須從淨利中扣除？ (A)專利權攤銷 (B)預付保費當年度減少數 (C)應付公司債溢價攤銷數 (D)應付薪資當年度增加數。

( ) 12.安樂公司在本期當中沒有任何銷貨，專家大衛説其損益表中：A.銷貨毛利金額應為零 B.銷貨折扣金額為零 C.營業利益金額應為零 D.稅後淨利金額應為零 (A)只有 A 和 C 正確 (B)只有 A 和 B 正確 (C)ABCD 皆正確 (D)皆不正確。

( ) 13.甲公司當年度淨利為 $132,000，應付帳款增加 $10,000，存貨減少 $6,000，應收帳款增加 $12,000，預收收入減少 $2,000，則在間接法下，甲公司當年度由營業活動而來的現金為： (A)$100,000 (B)$110,000 (C)$122,000 (D)$134,000。

( ) 14.民國 102 年度旺盛公司之會計記錄顯示，當年度銷貨成本為 $60,000，存貨較去年減少 $7,500，應付帳款較去年增加 $3,000。如果採直接法編製現金流量表，則現金基礎之銷貨成本為： (A)$73,500 (B)$61,500 (C)$58,500 (D)$49,500。

( ) 15.以直接法編製現金流量表時，下列哪一個項目會出現在現金流量表中？ (A)出售資產損失 (B)應付帳款增加數 (C)折舊費用 (D)支付給供應商之現金。

( ) 16.甲公司當年度之財務訊息如下：淨利 $10,000，存貨增加 $2,000，應付帳款增加 $3,000，出售資產利得 $500，則由營業活動而來的現金流量為： (A)$4,500 (B)$5,500 (C)$9,500 (D)$10,500。

( ) 17.在編製現金流量表時，專利權攤銷應列為： (A)在直接法下，作為本期淨利之加項 (B)在直接法下，作為本期淨利之減項 (C)在間接法下，作為本期淨利之加項 (D)在間接法下，作為本期淨利之減項。

( ) 18.下列何者在現金流量表中為籌資活動項目？ (A)買入固定資產 (B)賣出固

定資產　(C)借款　(D)進貨。

(　) 19.以間接法編製現金流量表，下列哪個項目，應作為淨利之減項？　(A)折舊費用　(B)應收帳款增加數　(C)應付帳款增加數　(D)預付費用減少數。

(　) 20.大華公司當年度損益表上之營業費用為 $60,000（不包括折舊、折耗及攤銷等費用），進一步分析發現當年度各項預付費用淨減少 $4,000，而各項應計費用淨增加 $6,000，試問大華公司因營業支付多少現金？　(A)$62,000　(B)$58,000　(C)$50,000　(D)$70,000。

(　) 21.在編製現金流量表時，下列哪一部分會因採用直接法與間接法而不同，而使表達方式有所不同？　(A)來自營業活動之現金流量　(B)來自投資活動之現金流量　(C)來自融資活動之現金流量　(D)以上皆是。

(　) 22.期末應收帳款為 $20,000，期初應收帳款為 $10,000，本期銷貨收入為 $50,000，則由銷貨而收現數為：　(A)$40,000　(B)$60,000　(C)$50,000　(D)$70,000。

(　) 23.假設本期淨利為 $200,000，折舊費用為 $10,000，本期應收帳款增加了 $5,000，則來自營業活動之現金流量為？　(A)$205,000　(B)$180,000　(C)$220,000　(D)$190,000。

(　) 24.新竹公司本年度銷貨 $400,000，利息收入 $40,000，應收帳款增加 $42,000，若使用直接法編製現金流量表，則由營業產生的現金流量為：　(A)$482,000　(B)$470,000　(C)$386,000　(D)$398,000。

(　) 25.東南公司之資料如下：銷貨收入 $586,500，銷貨成本 $399,500，營業費用（內含 $9,100 的折舊費用）$97,750，應收帳款減少數為 $13,500，存貨減少數為 $25,500，應付帳款減少數為 $26,000，應計費用減少數為 $8,500，預付費用增加數為 $2,850，試問根據上述資料以直接法編製之現金流量表中之營業活動的現金流量為多少？　(A)$105,000　(B)$81,500　(C)$100,000　(D)$157,250。

(　) 26.以間接法編製現金流量表，在計算營業活動之現金流量時，下列哪一項目不列為加項？　(A)折舊　(B)應付公司債折價攤銷　(C)長期債券投資折價攤銷　(D)權益法認列之投資損失。

(　) 27.下列哪一項能夠正確說明折舊費用如何顯示在現金流量表上？　(A)直接法：加在淨利上；間接法：並未顯示　(B)直接法：並未顯示；間接法：加

在淨利上 (C)直接法：並未顯示；間接法：並未顯示 (D)直接法：並未顯示；間接法：自淨利處扣除。

( ) 28.王氏公司的銷售額為 30,000 元，應付帳款增加 5,000 元，應收帳款減少 1,000 元，存貨增加 4,000 元，折舊費用 4,000 元。請問王氏公司從客戶收回多少現金？ (A)31,000 元 (B)35,000 元 (C)34,000 元 (D)26,000 元。

( ) 29.在編製間接現金流量表時，折舊費用是： (A)融資活動的現金流量 (B)投資活動的現金流量 (C)淨利的減項 (D)淨利的加項。

( ) 30.在間接法下，流動資產之增加及流動負債之減少應： (A)自理財活動之現金流量中扣除 (B)減少營運資金之數額 (C)作為本期淨利之減項 (D)作為本期淨利之加項。

( ) 31.某唱片公司的銷貨經常發生高頻率的銷貨退回，假設銷貨退回的金額無法合理估計，則銷貨收入應於何時認列？ (A)仍可於出貨時認列，待退回時沖減收入 (B)出貨一個月後再認列收入 (C)在銷貨退回之金額確定後認列淨額 (D)於收到貨款時認列收入。

( ) 32.請問在銷貨總額與銷貨淨額間尚有哪些項目？ (A)進貨退回 (B)商業折扣 (C)銷貨成本 (D)銷貨退回。

( ) 33.甘茂公司 102 年度純益為 $500，當年曾提列呆帳 $120，折舊 $80，則當年來自營業之現金為？ (A)$300 (B)$580 (C)$620 (D)$700。

( ) 34.應收利息期初是 $30,000，期末餘額是 $40,000，當年度損益表利息收入是 $40,000，試問當年度收到現金利息為？ (A)$40,000 (B)$20,000 (C)$60,000 (D)$30,000。

( ) 35.在編製現金流量表時，下列哪一項會因採用直接法或間接法而不同，以至於表達方式有所不同： (A)來自營業活動之現金流量 (B)來自投資活動之現金流量 (C)來自融資活動之現金流量 (D)以上皆是。

( ) 36.在間接法下之現金流量表，下列何者應列為淨利加項： (A)短期預付費用之減少數 (B)應付帳款之減少數 (C)應收帳款之增加數 (D)存貨之增加數。

( ) 37.公司在本年度之賒銷淨額為 $200,000，現銷 $150,000，期末應收帳款較期初減少 $30,000，則本年度現金流量表中，由銷貨而來的現金流入為？ (A)$150,000 (B)$350,000 (C)$180,000 (D)$380,000。

(　) 38.榮耀公司 102 年度之淨利為 $100,000，存貨增加 $10,000，應收帳款減少 $8,000，折舊費用 $9,000，出售固定資產損失 $20,000，應付帳款減少 $6,000，預收收入增加 $2,000，則由營業活動產生的現金流入為？ (A)$123,000 (B)$135,000 (C)$125,000 (D)$139,000。

(　) 39.當採直接法編製現金流量表時，應付帳款之減少應： (A)作為銷貨成本之加項，因其增加現金盈餘 (B)作為銷貨成本之加項，因其減少現金盈餘 (C)作為銷貨成本之減項，因其減少現金盈餘 (D)作為銷貨成本之加項，因其減少現金盈餘。

(　) 40.乙公司對於建造合約採成本回收法認列工程損益，在計算各年度損益時，是否需要用到以下的資料？ (A)各年度請款金額：是；各年度收款金額：否 (B)各年度請款金額：否；各年度收款金額：是 (C)各年度請款金額：否；各年度收款金額：否 (D)各年度請款金額：是；各年度收款金額：是。

(　) 41.乙公司以直接法計算來自營業活動之現金流量，102 年應計基礎之會計記錄如下：

銷貨成本	$40,000
存　　貨	較去年減少 $5,000
應付帳款	較去年增加 $4,000

則現金基礎之銷貨成本為： (A)$49,000 (B)$41,000 (C)$39,000 (D)$31,000。

(　) 42.商譽之沖銷應記為： (A)在直接法下，作為本期淨利之加項 (B)在直接法下，作為本期淨利之減項 (C)在間接法下，作為本期淨利之加項 (D)在間接法下，作為本期淨利之減項。

(　) 43.來自營業活動之現金流量應包括： (A)支付現金股利 (B)購買廠房設備 (C)支付債券利息 (D)償還銀行存款。

(　) 44.友朋公司某年之現金流量表（採直接法）中：有現金股利 $5,000，付所得稅 $8,000，付現金股利 $19,000，支付訴訟賠償 $6,000，現購設備 $9,500，付利息費用 $1,000，則列於營業活動之現金流量有： (A)4 項 (B)3 項 (C)2 項

(D)1 項。

( ) 45.風華公司以備抵法處理呆帳，於 102 年記入 $45,000 呆帳費用，且沖銷了 $18,000 之應收帳款，若以間接法編制現金流量表，調整淨利營業活動之現金流量時，前項資訊應為： (A)$18,000 之加項 (B)$27,000 之加項 (C)$45,000 之加項 (D)以上皆非。

( ) 46.薔薇公司 102 年度資料如下：折舊 $70,000，稅後淨利 $110,000，出售土地利益 $80,000，應收帳款減少 $8,000，發行長期票據得款 $42,000，支付現金股利 $18,000，現購設備 $60,000，則其營業活動之淨現金流入為： (A)$108,000 (B)$230,000 (C)$268,000 (D)$290,000。

( ) 47.馬偕公司以 $50,000 價格出售商品給林口公司，並約定一年以後以 $55,000 買回該商品，針對此一事件，馬偕公司： (A)應認列銷貨收入 $50,000 (B)存貨應減少 $50,000 (C)存貨金額保持不變 (D)應認列負債 $55,000。

( ) 48.關於在製品原料委外加工的交易，應該如何認列，為陽企業在經理人會議中，共出現三種看法：A.應認列為非常損益 B.應認列為營業外收入 C.可以認列為銷貨收入，但是完成加工後應該全額列入銷貨退回與折讓，以上哪一種意見合乎會計原則？ (A)只有 A (B)只有 B (C)只有 C (D)ABC 都不對。

( ) 49.下列哪些項目會造成遞延所得稅資產？A.折舊費用 B.售後服務保證費用 C.預付權利金； (A)A、B 和 C (B)B (C)B 和 C (D)C。

( ) 50.某公司去年有一筆 $10,000 的廣告費用被漏列，直到今年度才發現，請問會計人員應如何處理？ (A)去年度已結算完畢，故應視為今年度的廣告費用 (B)去年度已結帳完畢，但為避免虛增今年度廣告費，故將此前期損益調整列於今年度損益表之非常損益項下 (C)請求會計師修改去年度會計報表並在今年度報表中以附註揭露 (D)直接列在今年度保留盈餘表中為前期損益調整，不影響今年度損益。

( ) 51.大同公司 102 年度申報所得稅時有營業虧損 $500,000，若該公司預估 103 年度課稅所得大於 $500,000，則於 102 年底可認列下列何種項目？ (A)應收退稅款 (B)遞延所得稅資產 (C)預付 102 年度所得稅 (D)不能認列任何資產。

( ) 52.陽光科技公司本年度全部所得因符合免稅規定而無須報繳任何營利事業所得

稅，下列何者正確？ (A)根據配合原則，該公司仍應認列所得稅費用，以和收入配合 (B)該公司應於資產負債表中列示遞延所得稅負債 (C)以上兩個敘述都正確 (D)該公司本年度不需認列所得稅費用和應付所得稅。

( ) 53.台一公司 102 年度毛利率為 32%，102 年 5 月 1 日以分期付款銷貨方式售出金額價格 $200,000，成本 $136,000 的商品一件，客户支付 $120,000 後即違約不再付款，經公司派人將原銷售之商品收回，並估計出其淨變價值為 $50,000，則客户違約對公司造成的損失為 (A)$30,000 (B)$4,400 (C)$5,400 (D)$11,600。

( ) 54.下列哪一項在損益表上符合非常損益項目？ (A)企業出售有價證券利得 (B)企業壞帳沖銷所造成的損失 (C)政府為貫徹著作權法，全面禁止販賣盜版書籍，使出版社遭受的損失 (D)企業發生火災，該公司投保火險自負額的部分。

( ) 55.以直接法編製現金流量表時，下列項目何者不會出現？ (A)支付給供應商之現金 (B)自顧客收到之現金數 (C)折舊費用 (D)收到現金股利。

( ) 56.某知名高科技公司因成功研發語音式個人電腦，故每年作收上千萬權利金，此項收入在其財務報表上應列為： (A)銷貨收入 (B)其他營業收入 (C)其他損益 (D)非常損益。

( ) 57.大發企業採定期盤存制，因颱風來襲導致價值高達 300 萬元的存貨泡水無法出售，請問此存貨損失應如何處理？ (A)為避免期末存貨被高估，直接由期末存貨中扣除，轉入本期期末銷貨成本 (B)為避免過分稀釋毛利，應將此 300 萬元損失平均分攤給本期可供銷售存貨，再依實際賣出的數量認列部分為銷貨成本 (C)不影響銷貨成本，沖銷存貨的成本全額應列為其他損失 (D)不影響銷貨成本，沖銷存貨的成本扣除所得稅影響數後，列為非常損失。

( ) 58.你認為下列四項會計處理何者適當？ (A)台聯保險辦公大樓位居房價高漲的商業精華區，故會計師決定不提列折舊，以適度反映土地增值 (B)台電十年前購買土地一塊，成本 500 萬元，今會計師評斷此土地價值起碼上漲一倍，故調高土地帳面值，並認列其他收益 (C)星象公司近來股價下跌過甚，故大股東進場護盤買入星象公司股票，亦即星象公司購買庫藏股 (D)陽光海運公司近日以一千萬元購入土地一塊，因此土地是以投資為目的，故會計師說應放在長期投資項下，並且不提折舊。

(　) 59.雪利公司有一塊閒置土地，其帳面價值為 1,000 萬元，今以售價 1,250 萬元出售，買主先付現 50%，並簽發一張六個月到期的票據付清餘款，請問這項交易對雪利公司會計帳的影響為何？ (A)土地減少 1,250 萬元 (B)資本公積增加 250 萬元 (C)營運資金增加 625 萬元 (D)營業外收入增加 250 萬元。

(　) 60.某公司今年的銷貨收入相較於去年並無成長，但銷貨運費比去年大為增加，可能的影響是 (A)銷貨淨額衰退，故毛利與淨利皆受影響 (B)不影響銷貨淨額，但銷貨毛利衰退，故淨利受到影響 (C)與銷貨淨額及毛利無關，但營業利益與淨利衰退 (D)銷貨毛利與營業淨利皆不受影響，只有淨利衰退。

(　) 61.公司去年度進貨成本為 280 萬元，期末存貨比期初存貨少了 40 萬元，該公司的銷貨毛利為銷貨的 20%，銷售費用為 20 萬元，一般管理費用為 20 萬元，利息費用為 20 萬元，利息收入為 10 萬元，請問去年度該公司的營業利益為多少？ (A)50 萬元 (B)10 萬元 (C)30 萬元 (D)40 萬元。

(　) 62.阿濃食品企業出售旗下職業球隊所產生的利益應歸於： (A)停業部門損益 (B)非常損益 (C)營業外損益 (D)匯兑損益。

(　) 63.企業沖銷應收帳款呆帳之損失應歸類於： (A)停業部門損益 (B)非常損益 (C)營業外損益 (D)以上皆非。

(　) 64.企業提前清償公司債所造成的損益，在損益表中的報導方式為： (A)列為營業費用的調整項目，因為這是營業活動之一 (B)列為非營業收入或費用的調整項目，因為這不是主要營業項目 (C)列為非常項目，因為其性質特殊且不常發生 (D)列為非常項目，因為會計原則的規定如此。

(　) 65.會計原則變動累積影響數應列為？ (A)資本公積 (B)前期損益調整 (C)營業外收支或非常損益 (D)以上皆非。

(　) 66.某公司銷貨比去年增加，但毛利率下降，表示： (A)資金週轉率下降 (B)銷貨成本控制不當 (C)營業費用過高 (D)企業可能遭受天然災害。

(　) 67.現金流量表中給付債權人之利息應歸類於何種活動之現金流出？ (A)營業活動 (B)融資活動 (C)投資活動 (D)支出活動。

(　) 68.下列哪一項目非屬於現金流量表之要項： (A)營業活動 (B)市場活動 (C)投資活動 (D)理財活動。

(　) 69.現金流量表係指： (A)企業有關營業、理財及投資等現金活動之報導 (B)企業有關現金收入之報導 (C)企業有關現金支出之報導 (D)企業有關股東投入現金活動之報導。

(　) 70.遠方輪船公司最近購入一艘二手汽輪，請問其相關的支出中，哪一項應列為當期費用？ (A)購入汽輪的成本 $200,000 (B)汰換老舊的前艙玻璃 (C)購入時僱人在輪船船身噴寫遠方公司的專屬標誌 (D)置換全新的動力引擎。

(　) 71.東南公司 102 年度之淨利為 $25,000，折舊費用 $9,000，其資產負債表包括：

	101/12/31	102/12/31
現　　金	$12,000	$15,000
應收帳款	6,000	8,000
存　　貨	8,000	5,000
應付帳款	4,000	5,000

則其來自營業活動之現金流量應為： (A)$38,000 (B)$36,000 (C)$34,000 (D)$32,000。

(　) 72.阿翰公司 102 年度有下列資料：

	102/12/31	102/1/1
應收帳款	$40,400	$30,400
應付帳款	30,000	48,000
累積折舊（當年度廠房資產沒有變動）	64,000	52,000
存　　貨	60,000	55,000
其他流動負債	7,200	3,200
短期預付款	4,400	6,000

當年度之淨利為 $82,600，則 102 年度由營業活動而提供的現金為： (A)$67,200 (B)$98,000 (C)$100,000 (D)$122,000。

(　) 73.以下為永平公司 102 年的資料：折舊費用 $7,000，應付帳增加 $800，出售土地利得 $8,000，支付現金股利 $1,800，發行長期票據取得現金 $4,200，購買

設備 $6,000，本期淨利 $11,000，則永平公司 102 年度現金流量表上所列由營業所得現金為多少： (A)$10,800 (B)$23,000 (C)$26,800 (D)$29,000。

( ) 74.支付利息費用在現金流量表中應屬於哪一項活動中？ (A)營業活動 (B)融資活動 (C) 投資活動 (D)融資活動或營業活動。

( ) 75.如果一家公開上市公司因廠房失火而產生非常損失，它應在其財務報表上：(A)揭露每股稅後淨利與每股非常損益及兩者間差額三種資料 (B)揭露稅前淨利加回稅前非常損失的調整後每股盈餘 (C)揭露稅後淨利加回稅後非常損失的調整後每股盈餘 (D)揭露若沒有此項非常意外事件，該公司的正常每股盈餘資料。

( ) 76.甲公司將其製造的寄銷品運至經銷商店乙公司，因而付出的運費，理論上應列為 (A)甲公司的費用 (B)乙公司的費用 (C)公司存貨成本 (D)乙公司存貨成本。

( ) 77.公平公司 101 年分期付款之銷貨成本為 $1,748,000，101 年銷貨之應收帳款中 $600,000，於 101 年收現，$800,000 於 102 年收現，102 年以實現毛利中有 $200,000 為 101 年銷貨所實現者，試問 101 年銷貨之毛利率為若干？(A)36% (B)25% (C)16.53% (D)34.32%。

( ) 78.某公司去年度銷貨毛額為 600 萬元，銷貨退回與折讓 50 萬元，已知其期初存貨與期末存貨皆為 112 萬元，本期進貨 300 萬元，另有銷售費用 50 萬元，管理費用 62 萬元，銷貨折扣 50 萬元，請問其銷貨毛利率是多少？(A)60% (B)40% (C)22.5% (D)13.5%。

( ) 79.以下何者可能會造成財務所得和課稅所得認列的暫時性差異？ (A)免稅公債利息收入 (B)分離課稅短期票券利息收入 (C)壞帳費用的認列 (D)研究發展支出的投資抵減。

( ) 80.某公司去年度淨進貨 150 萬元，進貨運費 50 萬元，期末存貨比期初存貨多出 50 萬元，該公司的銷貨毛利為該銷貨的 25%，營業費用有 20 萬元，問去年度該公司的銷貨收入為多少？ (A)200 萬元 (B)750 萬元 (C)100 萬元 (D)833 萬元。

( ) 81.上好企業期初存貨為 $40,000，本期進貨為 $200,000，銷貨收入為 $200,000，若其銷貨毛利率為 20%，請問其期末存貨為多少？ (A)$80,000 (B)$131,500 (C)$66,500 (D)$178,500。

(　) 82.天天雜誌社於 102 年 8 月收到訂户匯入之款項共 $12,000，並自 9 月起寄發一年份雜誌，102 年度財務報表中應揭露：(A)收入 $12,000 (B)收入 $8,000 (C)資產 $8,000 (D)負債 $8,000。

(　) 83.某企業的銷貨總收入為 352 萬元，期初存貨為 80 萬元，期末存貨為 120 萬元，本期進貨為 240 萬元，銷管費用為 42 萬元，請問其銷貨毛利率為多少？(A)120 萬元 (B)152 萬元 (C)110 萬元 (D)88 萬元。

(　) 84.忠孝公司在民國 102 年的淨利是 $150,000。在 102 年度的比較資產負債表中包含下列數項會計科目（變動數）：

長期投資（權益法）	$5,500（增加）
累積折舊（資產大翻修所致）	2,100（減少）
應付公司債溢價	1,400（減少）
長期遞延所得稅負債	1,800（增加）

在忠孝公司的現金流量表中，營業活動淨現金流量應當為下列中的哪個數字？(A)$150,400 (B)$148,300 (C)$144,900 (D)$142,800。

(　) 85.有成電子（非金融業）之利息收入應列為：(A)營業收入 (B)營業外收入 (C)特殊損益 (D)以上皆可。

(　) 86.假定當年度由期初到期末，存貨減少 $10,000，應付帳款增加 $8,000，另假設當年度銷貨成本為 $80,000，則當年度支付給存貨供應商之現金應為：(A)$62,000 (B)$78,000 (C)$82,000 (D)$98,000。

(　) 87.下列何者在損益表上是以稅後金額表達？(A)銷貨收入 (B)非常損益 (C)營業利益 (D)研究發展費用。

(　) 88.所得費用應列為：(A)盈餘分配項目 (B)稅前純益之減項 (C)營業費用 (D)營業外支出。

(　) 89.世傑公司在 102 年度第三季發生非常利益 $40,000，這是非常利益：(A)應全部列入第三季損益表 (B)應平均分攤到第三季和第四季損益表 (C)應追溯調整前二季損益表 (D)暫不列入第三季損益表，只需列入年度損益計算。

(　) 90.仁傑公司 102 年度淨利為 $20,000，壞帳費用 $5,000，應付公司債溢價攤

銷 $1,000，折舊費用 $2,000，應收帳款增加數 $10,000，備抵壞帳減少數 $6,000，則 102 年來自營業活動之現金流入為： (A)$17,000 (B)$12,000 (C)$10,000 (D)$5,000。

( ) 91.將一項利息收入誤列為營業收入，將使當期淨利： (A)虛增 (B)虛減 (C)不變 (D)以上皆非。

( ) 92.專家說，在作損益分析時：A.依序應該先列出各項營業收入及營業外收入，再列出各項銷貨成本、營業費用及營業外費用 B.應該先求算毛利，而後求算淨利，最後列出營業利益 C.應該先求算營業利益，而後求算毛利，最後列出淨利。請選出以下最佳的答案為： (A)A 和 C 的說法是正確的 (B)A 和 B 的說法是正確的 (C)只有 A 的說法是正確的 (D)皆不正確。

( ) 93.下列會計原則變動何者不需重編以前年度報表？ (A)建造合約損益由成本回收法改為完工百分比法認列 (B)存貨計價由後進先出法改為先進先出法 (C)折舊方法由直線法改為年數合計法 (D)採礦業探勘成本由全部完工法改為探勘成功法。

( ) 94.損益表之營業外收入與損失不包括下列何項目？ (A)利息費用 (B)出售固定資產利益 (C)股利收入 (D)呆帳損失。

( ) 95.因市政府要求徵收土地興建公共停車場，某企業出售土地給市政府所得之利益應歸於其財務報表上哪一個項目下？ (A)停業部門損益 (B)非常損益 (C)營業外損益 (D)以上皆非。

( ) 96.中台公司 102 年度繼續營業部門稅後純益為 $800,000，下列項目未包括在該純益中：（假設所得稅率為 40%）A.102 年出售一棟辦公大樓，稅後利益 $1,000,000 B.102 年決定並出售某一重要部門，稅後處分損失 $650,000，該部門在處分前營業損失為 $710,000（減除所得稅利益後淨額） C.102 年改用倍數餘額遞減法計提折舊，公司原先採用直線法，改用後 102 年的稅前純益減少了 $20,000，對前期損益的累積稅前影響數為 $130,000，試計算 102 年度正確的繼續營業部門稅後純益？ (A)$788,000 (B)$428,000 (C)$800,000 (D)$1,780,000。

解答：

1.	C	2.	D	3.	D	4.	A	5.	D
6.	A	7.	D	8.	D	9.	C	10.	C
11.	C	12.	B	13.	D	14.	D	15.	D
16.	D	17.	C	18.	C	19.	B	20.	C
21.	A	22.	A	23.	A	24.	D	25.	C
26.	C	27.	B	28.	A	29.	D	30.	C
31.	C	32.	D	33.	B	34.	D	35.	A
36.	A	37.	D	38.	A	39.	B	40.	C
41.	D	42.	C	43.	C	44.	B	45.	C
46.	A	47.	C	48.	D	49.	B	50.	D
51.	B	52.	D	53.	B	54.	D	55.	C
56.	B	57.	D	58.	D	59.	D	60.	C
61.	D	62.	A	63.	D	64.	B	65.	D
66.	B	67.	A	68.	B	69.	A	70.	B
71.	B	72.	A	73.	A	74.	A	75.	A
76.	C	77.	B	78.	B	79.	D	80.	A
81.	A	82.	D	83.	B	84.	C	85.	B
86.	A	87.	B	88.	B	89.	A	90.	D
91.	C	92.	D	93.	C	94.	D	95.	C
96.	A								

第五章

投資活動

第一節

應收帳款的評價與分析

資產負債表上，應收帳款是以淨變現價值報導，應收帳款減備抵壞帳即為應收帳款的淨變現價值。在作應收帳款分析時，面臨最主要的問題是應收帳款的真實性，應收帳款難免發生無法收回之情事，這種無法收回的帳款我們稱之為壞帳或是呆帳。因此，應收帳款之評價，須對其收回的可能性加以評估，也就是評估應收帳款的收現風險。

估計壞帳的方法可以分為直接沖銷法及備抵法兩種方法。但在應記基礎下，IFRS 僅允許使用備抵法做會計處理。

一、直接沖銷法（Direct Write-off Method）

該法目前僅為稅法所採用，會計上強調應記基礎，即在收入認列的同時，相關的費用也要同時認列，因此壞帳費用應該在銷貨時就先估計認列，而非真正發生時才入帳。所以該法的缺點會使應收帳款高估，因為其並未估計應收帳款未來可能無法收回的部分。

例：

甲公司於 5 月 1 日銷售商品 $90,000 元，並於 5 月 31 日時得知帳款有 50% 無法收回，則應沖銷的壞帳為多少？

解：$90,000×50%＝$45,000

故甲公司 5 月應認列 $45,000 的壞帳費用

二、備抵法（Allowance Method）

備抵法下，壞帳的估計方式是以一段期間發生的賒銷的銷貨收入為基準來估計壞帳費用。該法的觀念較強調收入費用配合原則，估計銷貨收入發生時相

對應應認列的費用，以合理報導當期的經營績效。

(一)銷貨收入百分比法

又稱為損益表法。是指按照過去實際發生的壞帳與銷貨的關係以估計本期的壞帳費用。本法又可分為賒銷淨額百分比法及銷貨淨額百分比法。

例：

假設丙公司根據過去幾年的經驗，實際發生的壞帳約佔賒銷淨額的 3%，本年情況與過去並無變動。本年賒銷的淨額為 $500,000，則本年度應認列的壞帳費用為多少？

解：$500,000 × 3% = $15,000

故丙公司今年應認列 $15,000 的壞帳費用

例：

假設丁公司根據過去幾年的經驗，實際發生的壞帳約佔銷貨淨額的 2%，本年情況與過去並無變動。本年銷貨的淨額為 $300,000，則本年度應認列的壞帳費用為多少？

解：$300,000 × 2% = $6,000

故丁公司今年應認列 $6,000 的壞帳費用

(二)帳款餘額百分比法

又稱為資產負債表法，是按照壞帳與應收帳款餘額之關係以估計期末應有之備抵壞帳餘額。又可分為應收帳款百分比法及帳齡分析法兩種估計基礎。

例：

大河公司根據過去的經驗，每年壞帳佔應收帳款期末餘額的 5%，本年度情況並無變動，本期期末應收帳款餘額為 $200,000，帳上備抵壞帳科目原有貸方餘額 $2,000，則

本年度應認列的壞帳費用為多少？

解：$200,000×5%－$2,000＝$8,000

在實務上，企業大多會考慮整體經濟、產業及債務人目前及未來的狀況，並根據過去經驗來估列壞帳。

例：

戊公司今年備抵壞帳餘額為 $2,000 元，以下為以帳齡分析法得出的期末備抵壞帳餘額。

帳齡	金額	無法回收比例	無法回收金額
30天內	$20,000	1%	$200
31-61天	13,333	3%	400
61-90天	10,000	10%	1,000
超過九十天	8,000	20%	1,600
	$51,333		$3,200

因此本期備抵壞帳餘額就是各類應收帳款分析出來的總和為 $3,200，而壞帳費用應認列 1,200 元

第二節

存貨的分析及評價

存貨是指企業在特定期間所擁有，供正常營業出售之用。存貨包括商品、原料、在製品及製成品。就會計來說，企業在一定期間內可供出售的商品總額中，當期已經出售的部分，其成本應轉入銷貨成本（費用），尚未出售的部分，則為期末存貨（資產）。

一、存貨錯誤之影響

期末存貨評價是否正確，不單單只是影響資產負債表上的存貨項目，對於損益表中銷貨成本及淨利也會產生影響。同時，期末存貨的評價如果發生錯誤，除了影響本期的報表之外，也會影響下期損益的計算，這是因為本期期末存貨成本會轉入到下期的期初存貨，進而影響到下期的銷貨成本。

一般來說，期末存貨若高估，則本期的銷貨成本低列，本期純益虛增。隨著下一期的期初存貨高估，會使得下期的銷貨成本虛增，純益虛減。雖然兩年度的純益合計正確，但各年度的純益受到扭曲。反之，若本期之期末存貨低估，對財務報表的影響正好相反。

我們將存貨錯誤對資產負債表及損益表的影響彙總如下：

存貨錯誤	當期損益表		當期資產負債表	
	銷貨成本	本期純益	存貨	保留盈餘
期末存貨高估	低估	高估	高估	高估
期末存貨低估	高估	低估	低估	低估

存貨錯誤	下期損益表		下期資產負債表	
	銷貨成本	本期純益	存貨	保留盈餘
期末存貨高估	高估	低估	無影響	無影響
期末存貨低估	低估	高估	無影響	無影響

二、存貨的成本流動假設

一般的存貨成本流動假設有先進先出法、平均法、個別認定法三種。在物價變動期間，不同的存貨成本流動假設，所計算的存貨成本不同，因此存貨成本計算方式，會影響損益及資產的數字。

(一)先進先出法

假設先買進的商品，先賣出。因此，期末存貨成本是最近購入的商品成本。此法的優點為期末存貨的成本較趨近於重置成本。缺點是以早期的成本與現在之收益相配合。在物價上升的情況下，銷貨毛利含有存貨的持有利得，不易評估管理者的經營績效。

(二)平均法

平均法是假設出售單位之成本，是當期所有可供出售單位之加權平均成本，其銷貨成本或期末存貨，均是以平均價格計算。平均成本法利用加權平均成本，可降低成本波動所造成的影響。因此，當物價上升時，加權平均成本較期末進貨成本為低，反之加權平均成本較期末進貨成本為高。在定期盤存制下，必須用全年度加權平均法，在永續盤存制下，則用移動平均法。

(三)個別認定法

所謂個別認定法是指某件商品出售時，以實際購進的價格做為銷貨成本；尚未出售的存貨，亦個別按實際購入的成本計算。

以下我們使用一個例子來說明存貨成本流動假設的運用。

例：

大有公司是採用定期盤存制，98年進銷貨的資料如下：

100/1/1	存貨	300件（單價$15）
100/3/1	進貨	500件（單價$16）
100/4/10	銷貨	400件
100/6/21	進貨	800件（單價$18）
100/7/31	銷貨	600件
100/10/5	進貨	600件（單價$19）
100/11/8	銷貨	700件

試採用先進先出法及平均法二種成本流動假設來計算銷貨成本及期末存貨。

解：期末存貨數量：300＋500－400＋800－600＋600－700＝500件

1. 先進先出法下

期末存貨：500×$19＝$9,500

可供銷售商品總額：300×$15＋500×$16＋800×$18＋600×$19＝$38,300

銷貨成本：$38,300－$9,500＝$28,800

2. 平均法下

$38,300÷2,200＝$17.41

期末存貨：500×$17.41＝$8,705

銷貨成本：$38,300－$8,705＝$29,595

三、成本與淨變現價值孰低法評價存貨

(一)成本與淨變現價值孰低法之應用

淨變現價值之決定，原則上是以報導期間結束日時可取得確切證據為基礎，但如果與價格或成本有關的期後事項，有助於證實該存貨在報導期結束日的狀況，則決定淨變現價值時應考慮該期後事項。

當成本大於淨變現價值時，需認列跌價損失，計算存貨跌價損失的方法主要分為兩種：

1. 逐項比較法：就每一項存貨逐一比較。此種存貨衡量方法最為保守，一存貨的漲價與跌價不能互相抵銷。
2. 分類比較法：將類似或相關的存貨項目劃分為同一類別，將同類別之成本與其淨變現價值相比較。在同時滿足下列條件之存貨方同可分為同一類別：
   (1)屬於相同生產線，具有相同或類似最終用途或目的；
   (2)於同一地區生產及銷售；
   (3)實際上無法與該生產線的其他項目分開評價。

   舉一個簡單例子解釋，如下表：

成本與淨變現價值孰低法

肉品	成本	淨變現價值	逐項比較法	分類比較法
羊肉	$4,000	$6,000	$4,000	
牛肉	5,000	5,500	5,000	
豬肉	2,500	2,000	2,000	
總肉品成本	11,500	13,500		$11,500

蔬菜				
萵苣	4,500	3,600	3,600	
玉米	4,750	4,600	4,600	
總蔬菜成本	9,250	8,200		8,200
總成本	$20,750	$21,700	19,200	19,700

根據逐項比較法，為各項存貨比較後，再行加總成本，如羊肉之成本與淨變現價值相比後取較低之$4,000，依此類推；而分類比較法為將各項存貨項目之總成本相比後，再行加總成本，如總蔬菜成本經相比後，取較低之$8,200為其成本依據，並依此類推。

(二)成本與淨變現價值孰低法對財務報表之影響

當期末存貨淨變現價值低於成本時，在成本與淨變現價值孰低法下，應認列跌價損失。如採用備抵法，則借記：存貨跌價損失，貸記：備抵存貨跌價損失，存貨跌價損失列在損益表中的其他損失，而備抵存貨跌價損失列在資產負債表中作為存貨科目的抵銷科目。

在分析存貨時，應注意成本與淨變現價值孰低法之影響。在物價上升時，不論採用何種成本流動假設，成本與淨變現價值孰低法均會低估存貨成本，致使流動比率偏低。

成本與淨變現價值孰低法對資產負債表上存貨之評價趨於穩健，但其損益表之表達則不一定穩健。因為，在提列跌價損失年度之純益雖然較低，但若預期之售價降低並不重大，或不降，則下一年度的存貨可能會比正常情況要高。

四、毛利法

毛利法為特殊的存貨估計方法，是運用過去的銷貨毛利率，以估計本期銷貨成本及期末存貨金額的一種方法。其計算方式的步驟如下：

步驟一：決定正常的毛利率。通常是指上年度或過去數年銷貨毛利率的平均數，調整本期已知的變動情況計算而得。

步驟二：將本期的銷貨淨額乘以正常毛利率，以估計本期的銷貨毛利。

步驟三：本期銷貨淨額減估計銷貨毛利，即得本期估計的銷貨成本。

步驟四：估計期末存貨＝期初存貨＋本期進貨－估計銷貨成本。

例：

假設新新公司有關存貨的資料如下：

期初存貨	$ 100,000
本期進貨淨額	2,000,000
本期銷貨淨額	1,200,000
估計銷貨毛利率（毛利／淨銷貨）	40%

解：由以上資料可得銷貨毛利金額為＝$1,200,000×40%＝$480,000

銷貨成本可得 $1,200,000－$480,000＝$720,000

估計的期末存貨＝$100,000＋$2,000,000－$720,000＝$1,380,000

第三節 證券投資的評價及分析

一、投資的分類與評價

(一)分類

1. 債務證券

是指代表某一企業具有債權人關係的任何債券，債券通常包括公債、公司債、轉換債券、強制贖回或附賣回權特別股、商業本票及其他證券化之債務憑證。

2. 權益證券

是指代表對某一企業之所有權；或能按一定價格或依某種方式決定的價

格，有權取得或處分對某一企業所有權的任何證券。權益證券通常包括普通股、特別股、認股權、認股證等。

3. 衍生性商品

與他人訂立衍生性商品合約，如期貨、選擇權、遠期合約及利率交換等。

4. 其他投資

基金、壽險現金解約價值、不動產投資等。

(二)評價

投資在分類後，可在依據其不同個別情況去適用不同的評價方法，彙總如下：

投資分類	適用評價方法
權益證券——具有控制力	合併報表及使用權益法
權益證券——具有影響力	權益法
權益證券——無影響力，且無活絡市場	成本法
以公允價值衡量且公允價值變動認列為損益之金融工具	公允價值變動列入損益
持有至到期日金融資產	攤銷成本法
放款及應收款——無活絡市場	攤銷成本法
以公允價值衡量且公允價值變動認列為其他綜合損益之金融工具	公平市價法，且公允價值變動列入其他綜合損益

此外在判斷權益證券之控制力或影響力時，可以參考下表：

影響程度	持有被投資公司普通股股權比例
無重大影響力	20% 以下
無重大影響力	20～50%
有控制能力	50% 以上

由於實質控制權的觀念，因此採用上述的會計處理時，應考慮下列幾種較特別的情況：

1. 投資公司持有被投資公司之股份雖未達 20%，但有明確證據顯示投資公司具有重大影響力時，仍應採取權益法。

2. 投資公司持有被投資公司之股份雖達 20% 以上，但有明確證據顯示投資公司並不具有重大影響力時，此時不應採取權益法。
3. 投資公司持有被投資公司之股份雖未達 50% 以上，但有明確證據顯示出投資公司具備實質控制能力時，此時應採取權益法並編製合併報表。

二、債務證券投資之會計處理

依 IFRS9 規定，金融工具於原始認列時，依「金融工具之經營模式」及「金融工具之合約現金流量特性」兩項衡量方式，按後續之衡量基礎分為攤銷後成本衡量之金融工具及公允價值變動衡量之金融工具。

(一)攤銷後成本衡量之債券投資

係指企業持有證券投資的目的，為依合約按其收取固定金額，作為回收投資的本金及利息的金融工具債券投資，則應依攤銷後成本衡量。

取得時依成本及交易成本入帳，於收到利息時，認列利息收入並攤銷折溢價。期末時不考慮市價，亦即不調整公允價值變動所產生之影響。

(二)公允價值衡量之債券投資

凡非屬以攤銷後成本衡量之債券投資，均應歸屬分類為以公允價值衡量之債券投資。而在債券投資所指為公允價值變動入損益之金融工具。

取得時依取得成本入帳，收到利息時認列利息收入，不必攤銷折溢價。期末時需予以調整，以金融工具之總成本與總市價相比較，若市價高於成本，借記公允價值變動列入損益之金融工具，貸記公允價值變動損益；若市價低於成本，借記公允價值變動損益，貸記公允價值變動列入損益之金融工具。

上述兩種債務證券投資，於資產負債表上亦有不同表達方法，列示如下：

投資分類	資產負債表上表達方法
公允價值變動列入損益之金融工具	列為流動資產
攤銷後成本衡量之金融工具（12個月內到期）	列為流動資產
攤銷後成本衡量之金融工具	列為非流動資產

三、權益證券投資的會計處裡

企業於投資日之原始衡量，應以取得時之公允價值衡量入帳，且應加計取得或發行時的交易成本。企業同時應於此時指定權益投資的種類，因為歸類的結果將會影響到接下來的投資評價方式。

(一)公允價值變動列入損益

企業持有權益投資的目的以交易為主，此時會計年度結算日時的公允價值變動直接列入損益。

收到現金股利時認列股利收入，期末需依據市價做出調整，若市價高於成本，借記公允價值變動列入損益之金融工具，貸記公允價值變動損益；若市價低於成本，借記公允價值變動損益，貸記公允價值變動列入損益之金融工具。

(二)公允價值變動列入其他綜合損益

企業持有權益投資的目的非供交易為主，且原始認列時進行不可撤銷之指定，此時會計年度結束日時的公允價值變動直接列入其他綜合損益。此類權益投資又可稱之為策略性投資，由於投資公司的目的是為了與被投資公司相互交流，例如技術合作或業務上的往來，而非以出售賺取差價為目的，此時為了呈現其交易之經濟實質，便允許該投資採用公允價值變動列入其他綜合損益。

基本會計處理方式同上，惟收到屬於清算股利性質之現金股利時，應貸記公允價值變動列入其他綜合損益之金融工具。期末亦須依據市價做出調整，若市價高於成本，借記公允價值變動列入其他綜合損益之金融工具，貸記其他綜合損益－公允價值變動；若市價低於成本，借記其他綜合損益－公允價值變動，貸記公允價值變動列入其他綜合損益之金融工具。

上述兩種權益證券投資，於資產負債表上亦有不同表達方法，列示如下：

投資分類	資產負債表上表達方法
公允價值變動列入損益之金融工具	列為流動資產
公允價值變動列入其他綜合損益之金融工具	列為流動資產
公允價值變動列入其他綜合損益之金融工具	列為非流動資產

第四節

長期資產的分析及評價

企業的長期資產不是為了出售而持有，而是為了供營業使用。長期資產包括兩類：(1)有形的固定資產：如財產、廠房及設備、遞耗性資產等等。(2)無形資產：如專利權、商標權、商譽等。

一、資本化決策

取得廠房應以所支付的成本為入帳基礎。所謂成本是指使廠房設備達到可用之狀態之一切必要的支出。廠房設備資產之入帳基礎，雖以成本為原則，但並非所有支出之成本均作為資產。因此，資本支出與收益支出應加以劃分。凡支出所取得之資產或勞務，其經濟效益及於本期以後者，為資本支出，應列為資產；如僅及於本期者，為收益支出，應列為當期費用。而將支出列為資產者，稱為資本化。

在資本化的年度，公司資產總額較費用化的情況高，且其純益也較費用化的情況增加。但隨著資產折舊提列轉為費用，費用化的公司其純益反而增加。就盈餘的變動來說，將支出直接認列為費用，盈餘的變動較大；若將支出資本化，隨著資產使用年限，逐期提列折舊有系統的分攤到損益中，其盈餘波動較緩和。

二、折舊政策及成本分攤

折舊是指廠房及設備資產已耗成本的分攤。也就是說折舊是成本分攤的程序，而不是一個評價的過程。折舊的提列並不能反映市價，不產生任何資金，也不影響任何一個企業的現金流量，折舊唯一能夠影響現金流量的，為透過所得稅的節省而減少現金流出。因為折舊可以當費用減除。

每期的折舊計算，決定於成本、估計殘值、估計耐用年限及折舊方法的選擇，其中折舊方法的選擇，對於財務報表的影響是不同的。一般常用的折舊方法可分為以時間為基礎及以服務量為基礎。

(一)以時間為基礎

可再細分為直線法及加速折舊法，其中加速折舊法可再分為年數合計法、定律遞減法及倍數餘額法。所謂直線法，乃是將折舊成本平均分攤在使用年間，每年的折舊費用都相等，又稱為平均法。加速折舊法乃是費用逐年遞減，在折舊早期有較高的折舊費用，後期的折舊費用較低。

D：折舊　S：殘值　n：耐用年限　C：資產成本

· 直線法

$$D=\frac{C-S}{n}$$

· 年數合計法

第 t 期的折舊 $D_t=(C-S)\times\frac{(n-t+1)}{n(n+1)/2}$

· 定率遞減法

$$D = \text{期初帳面價值} \times \left(1 - \sqrt[n]{\frac{S}{C}}\right)$$

· 倍數餘額遞減法

$$D = \text{期初帳面價值} \times \frac{2}{n}$$

(二)以服務量為基礎

可分為工作時間法及生產數量法。主要是以工作小時或單位產量為計算折舊的單位。

· 工作時間法

$$D = \frac{C - S}{\text{估計總工作小時}} \times \text{當年度實際工作小時}$$

· 生產數量法

$$D = \frac{C - S}{\text{估計總生產數量}} \times \text{當年度生產量}$$

折舊的方法對損益表及資產負債表皆有影響，採用折舊的方法會影響盈餘的趨勢，假若是採用直線法，其每年對盈餘的影響是一樣的，盈餘變動較平緩。在加速折舊法之下，早期折舊費用較高，晚期折舊費用較低，會使得盈餘在早期較低，晚期盈餘較高。同時，折舊的多寡也會影響報稅，就加速折舊法之下，早期較能節省較多的所得稅。

第五節

無形資產

無形資產是指可為企業帶來長期利益，但不具有實體存在，無形資產具有下列的特徵：

1. 不具有實際的形體，效益年限不容易估計。
2. 價值常受競爭狀況影響而有巨幅波動。
3. 未來經濟效益不確定性很高。
4. 有些無形資產對某特定企業有價值。

一般無形資產可分為兩大類：可明確辨認的無形資產及不可明確辨認的無形資產。可明確辨認的無形資產，其價值或成本可以個別辨認，企業可以自行發展或向外購入，其資產均應按成本入帳，如專利權、商標權、版權、特許權、與租賃權益及改良等。不能明確辨認的無形資產，效期期間難以確定，且無法與企業個體分離，較常見的無形資產即為商譽。

研究發展成本原則上應列為當期費用，而專用於研究發展的材料、設備、購買之無形資產、人事費用均列為當期費用。若材料可用於其他研究計畫，則列為存貨，耗用時轉銷為費用。設備或無形資產若能應用在其他研究計畫者，應列為設備資產或無形資產，並在使用期間提列折舊或攤銷。人事費用一律列為費用。

開發電腦軟體會經歷投入研究、建立技術可行性、產品母版完成及開始對外發售。從投入研究到建立技術可行性時，所有的支出均列為當期的研究發展費用。從建立技術可行性到產品母版完成，支出應列為資產，並在效益期間攤銷，而攤銷金額是以收益百分比法與直線法的攤銷金額中取較高者。從產品母版完成到開始對外發售，應將軟體複製成本列為存貨成本。

第六節

投資活動現金流量

投資活動是指與營業損益無關的資產項目變動的現金流量，包括承做與收回貸款，取得與處分非營業活動所產生之債權憑證、權益證券、固定資產、天然資源、無形資產及其他投資等。

一、投資活動的現金流入

通常包括：

1. 收回貸款及處分債權憑證之價款，但不包括因交易目的而持有之債權憑證及約當現金部分。
2. 處分權益證券之價款，但不包括因交易目的而持有之權益證券。
3. 處分固定資產之價款，包括固定資產保險理賠款。
4. 因期貨、遠期合約、交換、選擇權合約或其他性質類似之金融商品所產生之現金流入，但不包括因交易目的而持有者及已被列入籌資活動之收現。

二、投資活動的現金流出

通常包括：

1. 承作貸款或取得債權憑證，但不包括因交易目的而持有之債權憑證及約當現金部分。
2. 取得權益證券，但不包括因交易目的而持有之權益證券。
3. 取得固定資產。
4. 因期貨、遠期合約、交換、選擇權合約或其他性質類似之金融商品所產生之現金流出，但不包括因交易目的而持有者及已被列入籌資活動之付現。

為避險而買賣衍生性金融商品，其合約之現金流量與被避險部位之現金流量宜作相同歸類。

現金流量表中的營業活動可以以直接法或間接法表達，不論營業活動部分是以直接法或間接法表達，現金流量表中的投資活動與籌資活動皆不受影響。

練習題

( ) 1. 廠房設備之交易活動屬於？ (A)籌資活動 (B)投資活動 (C)營業活動 (D)理財活動。

( ) 2. 下列哪一項為投資活動： (A)現金發行股本 (B)提列折舊費用 (C)支付股利 (D)購買建築物。

( ) 3. 公司 2012 年度之賒銷金額為 $25,000，若應收帳款期初餘額為 $5,000，期末餘額 $10,000，則自客戶處收取之現金為： (A)$20,000 (B)$25,000 (C)$30,000 (D)$35,000。

( ) 4. 101 年中以 $200,000 出售成本 $300,000，已提累積折舊 $185,000 之機器，則該項交易於間接法之現金流量表中應該如何表達： (A)投資活動中現金流入 $200,000 (B)營業活動中現金流入 $85,000 (C)投資活動中現金流入 $85,000 (D)投資活動中現金流入 $200,000，營業活動中自本期純益減除 $85,000。

( ) 5. 富泰公司本年初現金餘額 $40,000，年底現金餘額 $60,000，今悉：本年度營業活動的現金淨流入 $600,000，籌資活動淨現金流出 $150,000，則投資活動的淨現金流量為： (A)流出 $6,000 (B)流出 $430,000 (C)流出 $350,000 (D)流入 $160,000。

( ) 6. 壞帳按備抵法處理時，下列敘述何者錯誤？ (A)壞帳的沖銷不影響應收帳款的帳面價值 (B)壞帳的沖銷應借記壞帳費用 (C)收回以沖銷的壞帳應貸記備抵壞帳 (D)按銷貨百分比法估計壞帳最符合配合原則。

( ) 7. 下列何者事件會使企業應收帳款減少？ (A)現金銷貨 (B)沖銷壞帳 (C)收回已沖銷的應收帳款 (D)提列備抵壞帳。

( ) 8. 在物價上漲的情況下，採用下列何種成本流動假設可使管理當局在年底利用大量進貨或延遲正常進貨的方式而操縱損益？ (A)先進先出法 (B)後進先出法 (C)平均法 (D)採用以上三種方法都無法操縱損益。

( ) 9. 在分析應收帳款帳齡時，若某一個客戶陸續有好幾筆賒帳及還款，則其帳齡的決定通常是採用何種假設？ (A)最早賒帳部分先還款 (B)最晚賒帳部分先還款 (C)依各筆賒帳金額相對比例計算各筆之已還款金額 (D)金額最大筆的賒帳部分最先還款。

(　) 10.下列哪一種情況較適合採用毛利法估計期末存貨價值？ (A)帳冊資料不全時 (B)會計師尋找盤點期末存貨的替代方案時 (C)成本加成比率經常變動時 (D)存貨失竊減損的風險極高時。

(　) 11.以應收票據向銀行貼現，貼現息的計算是根據貼現率、貼現期間以及哪一個項目？ (A)票據面值 (B)票據到期值 (C)票據面值加已賺得的利息 (D)實際貼現取得金額。

(　) 12.甲公司以前年度賒銷業務甚少，金額亦不大，故對壞帳採用直接沖銷法處理。本年度起因賒銷業務大增，而決定改用賒銷金額百分比法提列壞帳。這項改變： (A)屬於會計原則的改變 (B)屬於錯誤的更正 (C)無法達到配合原則 (D)不需重編以前年度財務報表。

(　) 13.士林公司期末有一筆在途存貨未入帳，此項錯誤將不會影響哪一項目？ (A)流動比率 (B)存貨週轉率 (C)速動比率 (D)營運資金。

(　) 14.信義公司以 $600,000 購入一批存貨，包括商品甲 1,000 單位及商品乙 500 單位。已知商品甲之市價為每單位 $200，商品乙之市價為每單位 $300，則應計入甲商品成本為 (A)$240,000 (B)$400,000 (C)$342,857 (D)$300,000。

(　) 15.當我們去統一超商買牛奶的時候，許多人總是習慣拿放置在冷凍櫃較後面的牛奶，而不願拿取置於前列的牛奶，這是因為我們會假設超市的存貨管理方式為 (A)先進先出法 (B)後進先出法 (C)個別認定法 (D)加權平均法。

(　) 16.竹北公司期末盤點存貨，並未將寄銷於學甲公司的存貨記入，下列何者正確？ (A)銷貨成本將低估 (B)銷貨收入將低估 (C)銷貨毛利將低估 (D)銷貨收入及成本皆不受影響。

(　) 17.某公司帳上期初存貨 $150,000，期末盤點時剩下 $100,000，已知本期淨進貨共 $100,000，進貨折扣共 $1,000，進貨運費共 $2,000，銷貨運費共 $3,000，銷貨收入共 $300,000，請問該公司本期的銷貨成本應為多少？ (A)$151,000 (B)$150,000 (C)$147,000 (D)$152,000。

(　) 18.下列何種壞帳費用認列方法最能達到收入與費用配合的原則？ (A)直接沖銷法 (B)銷貨收入百分比法 (C)應收帳款餘額百分比法 (D)帳齡分析法。

(　) 19.請問下列有關永續盤存制與定期盤存制的敘述中哪一項正確？ (A)一般說來，定期盤存制因實地盤點需耗費大量的人力成本，不如永續盤存制來得普遍 (B)採用永續盤存制的公司隨時都可以知道正確的存貨餘額與銷貨成本，故並無實地盤點的必要 (C)採用定期盤存制的公司在期末盤點前，無法得知其銷貨成本的金 (D)在永續盤存制之下，因公司不需作盤點，故存貨短少的問題較不容易被察覺，銷貨成本容易虛增。

( ) 20.下列有關折舊費用的敘述，何者正確？ (A)有形資產折舊費用的總和就是其購入成本 (B)有形資產折舊費用的總和就是其現行市場價值 (C)有形資產的殘值，即企業估計在未來資產的折舊年限到期時處分資產之所得 (D)有形資產的經濟使用年限及企業預估其會擁有此資產的時間。

( ) 21.企業採用成本市價孰低法評價存貨時，若有多項不同種類存貨，則必須：(A)對各項存貨逐一比較成本市價，選擇較低之金額，然後加總得到總額 (B)將類似之存貨視為一個組合，以各個組合之總成本和總市價比較，選擇較低者 (C)將所有存貨之總成本與總市價比較，選擇較低者 (D)以上三種方式都可以採用，但應各年度一致。

( ) 22.泰北公司壞帳費用認列是以銷貨金額的 3% 為準，該公司 101 年初有應收帳款 $80,000 及備抵壞帳 $2,400，101 年度銷貨金額為 $1,000,000，向客户收現金額共計 $980,000，另有 $3,000 之應收帳款確定無法收回，該公司 101 年度應認列的壞帳費用為： (A)$6,000 (B)$36,000 (C)$33,000 (D)$30,000。

( ) 23.台南公司以每股 $10 購入東方紡織公司股票 10,000 股作為公允價值變動列入損益之金融工具，支付證券商金額除價款 $100,000 之外，還包括手續費 $100 及證券交易税 $150。該公司資產負債表中應列示之公允價值變動列入損益之金融工具成本為 (A)$100,000 (B)$100,450 (C)$100,250 (D)以上三個金額都可以。

( ) 24.採用備抵法提列壞帳費用，當時記壞帳費用發生時 (A)淨利率減少 (B)應收帳款週轉率減少 (C)應收帳款週轉率增加 (D)速動比率不變。

( ) 25.在定期盤存制下，計算銷貨成本的方式為： (A)期初存貨＋本期進貨 (B)期初存貨＋期末存貨＋本期進貨 (C)期初存貨－期末存貨＋本期進貨 (D)期末存貨－期初存貨＋本期進貨。

( ) 26.下列何者不是決定壞帳費用時可以採用的方法？ (A)銷貨收入百分比法 (B)應收帳款餘額百分比法 (C)備抵壞帳餘額百分比法 (D)帳齡分析法。

( ) 27.台中公司 100 年度交易目的金融資產採市價法評價，有關資料如下：甲證券成本 $12,500、市價 $12,800；乙證券成本 $26,000、市價 $25,000，則 100 年底金融資產評價損益為多少？ (A)利益 $500 (B)損失 $700 (C)利益 $300 (D)暫時不記錄損益，於出售時調整。

( ) 28.花蓮公司宣告並發放所持有的 100,000 股甲公司股票作為財產股利，當時帳列之甲公司股票成本為每股成本 $20，市價則為每股 $30，而甲公司股票面額為每股 $10。假設淡水公司收到 1,000 股甲公司股票，則淡水公司應認列之股利收入金額為： (A)收入增加 (B)收入減少 (C)負債增加 (D)負債減少。

( ) 29.甲公司存貨中有一部分已作為銀行借款的抵押品，則： (A)列為抵押品的存貨，其成本應列為銀行借款的減項 (B)與抵押品相同金額的保留盈餘予以限制用途，不可發放股利 (C)只需在財務報表附註揭露此一情況，流動資產金額不受影響 (D)列為抵押品的存貨其金額應轉列為非流動資產。

( ) 30.在永續盤存制下以平均法計算存貨成本，下列何者正確？ (A)應在期末計算本期加權平均單位成本 (B)每次銷貨後就須重新計算存貨單位成本 (C)每次進貨後就須重新計算存貨單位成本 (D)以前一期平均進貨單位成本作為評價基礎。

( ) 31.存貨的淨變現價值是指： (A)購買的成本加上完成製造及銷售所需的支出 (B)預期售價 (C)預期售價加上完成製造及銷售所需的支出 (D)預期售價減去完成製造及銷售所需的支出。

( ) 32.大甲公司以往年度的備抵壞帳的金額為應收帳款的 4%，今年起則將該比率提高為 6%，下列敘述何者正確？A.今年底備抵壞帳餘額會比去年底增加；B.今年損益表中會出現「會計原則變動累積影響數」 (A)只有 A 正確 (B)只有 B 正確 (C)A 和 B 都正確 (D)A 和 B 都不正確。

( ) 33.企業在編制期中財務報表時，如果存貨的市價低於成本，但預期年度結束前市價極有可能會回升至成本以上，則期中報表的存貨金額： (A)應以成本為基礎 (B)應以市價為基礎，並認列存貨跌價損失 (C)應以標準成本為基礎，以免受市價暫時性變動的影響 (D)應以淨變現價值為基礎。

( ) 34.忠孝公司期末盤點存貨時，誤將未出售之承銷品列入期末存貨中，則會導致公司當年的 (A)淨利增加 (B)保留盈餘減少 (C)運用資金減少 (D)資產投資報酬率降低。

( ) 35.佳怡公司採應收帳款百分比法估計呆帳，預計當年度呆帳為應收帳款餘額的

5%，該年年底應收帳款餘額為 $200,000，而備抵壞帳為貸方餘額 $3,000，則當年度壞帳費用為 (A)$7,000 (B)$10,000 (C)$13,000 (D)$9,850。

( ) 36.下列何種方法在資產年限的早期計算折舊時，不考慮估計的殘值 (A)直線法 (B)生產數量法 (C)倍數餘額遞減法 (D)年數合計法。

( ) 37.中國鋼鐵公司 101 年度進貨 $200,000，期初存貨 $120,000，期末存貨 $110,000，銷貨毛利 $90,000，期初應收帳款 $80,000，年度收回的應收帳款 $260,000，101 年度的現金銷貨 $50,000，則 101 年底之應收帳款餘額為：(A)$120,000 (B)$70,000 (C)$100,000 (D)$170,000。

( ) 38.假設裕隆公司持有中華汽車公司承兌匯票一紙，金額 $120,000，承兌日期 101 年 9 月 15 日，承兌 60 天後付款，年利率 8%，裕隆公司於 101 年 10 月 15 日，將此票據向銀行辦理貼現，貼現利率為 10%，則貼現金額應為（假設一年 360 天）：(A)$122,577 (B)$121,597 (C)$120,657 (D)$120,587。

( ) 39.永安公司將二個月期，年利率 8%，面額 $480,000 的應收票據一紙，持往大安銀行申請貼現，該票據在貼現時，尚有一個月到期，貼現時收到現金 $481,536，則其貼現率應為：(A)9% (B)10% (C)11% (D)12%。

( ) 40.大凌公司存貨之成本 $300，售價 $340，估計銷售費用 $5，正常毛利 $55，重置成本為 $255，按成本市價孰低法則所決定之存貨價值為 (A)$255 (B)$280 (C)$300 (D)$335。

( ) 41.在下列何項條件下或有事項應估計入帳？ (A)損失金額可以合理估計 (B)損失金額可以合理估計，且該或有事項很可能發生 (C)該或有事項性質特殊，而且很可能發生 (D)該或有事項性質特殊，且很少發生。

( ) 42.存貨計價若採先進先出法，當物價上漲時，會造成：(A)成本偏低，毛利偏高 (B)成本偏低，毛利偏低 (C)成本偏高，毛利偏低 (D)成本偏高，毛利偏高。

( ) 43.東南公司於 101 年以成本 $4,000,000，累積折舊 $2,500,000 之機器一台交換新機器，交換時並取得現金 $500,000，新舊機其性能相似，經計算其成本為 $1,000,000，則新機器之公平市價為何：(A)$600,000 (B)$800,000 (C)$1,000,000 (D)$1,200,000。

( ) 44.阿德公司於 100 年 1 月 1 日購入一礦山 $5,000,000，付過户費 $900,000，開採後土地殘值為 $300,000，銅礦總存量為 500,000 噸，100 年、101 年度開採 40,000、50,000 噸，試計算 101 年之折耗：(A)$400,000　(B)$460,000　(C)$560,000　(D)以上皆非。

(　) 45.101 年初專利權成本 $200,000（尚餘 5 年），101 年初訴訟費用 $50,000（勝訴），101 年 7 月 1 日購入新專利權成本 $90,000，可以用來避免市場競爭，專利權法定年限 5 年，則公司 101 年專利權攤銷費用為何？(A)$30,000　(B)$59,000　(C)$60,000　(D)$80,000。

(　) 46.對於資產重估與資產漲價補償準備敘述，下列何者有誤？(A)兩者皆為資本公積項目　(B)兩者資產價值皆發生變動　(C)資產重估後各年均可按重估金額提列折舊，而資產漲價補償準備效力僅於當年　(D)以上所述皆正確。

(　) 47.採用雙倍餘額遞減法提列折舊，第一年之折舊費用將較使用年數合計法者為？(A)高　(B)低　(C)相等　(D)不一定。

(　) 48.以帳面價值 $400,000 之進口汽車交換公平價值 $300,000 之國產汽車，並收到現金 $150,000，則此交換交換應認列交換利益多少？(A)0　(B)$50,000　(C)$100,000　(D)$16,667。

(　) 49.下列敘述何者錯誤？(A)依我國財會準則規定，無形資產攤銷年限不得超過二十年　(B)向外購入之專利權可視為無形資產　(C)研究發展支出為無形資產　(D)付出成本購入之商譽為無形資產。

(　) 50.某公司於 101 年初支出 $180,000 購入機器一部，誤將成本記為修理費，若該機器估計可使用五年，殘值 $20,000，採直線法提列折舊，則該公司之記錄錯誤將使 101 年底之股東權益：(A)高估 $148,000　(B)低估 $180,000　(C)高估 $32,000　(D)低估 $144,000。

(　) 51.某公司於 101 年度調整前部分帳戶金額如下：應收帳款 $150,000，銷貨 $3,000,000、備抵壞帳 $500（貸於）、銷貨退回 $186,000、銷貨運費 $20,000，若估計壞帳為銷貨淨額的 0.5%，則 101 年度的壞帳費用為：(A)$13,470　(B)$13,570　(C)$13,970　(D)$14,070。

(　) 52.下列敘述何者錯誤？(A)長期公司債投資之溢價，應於公司債剩餘流通期間予以攤銷　(B)公司債投資溢價之攤銷將使利息收入減少　(C)公司債投資溢價低於面額部分應計入「攤銷後成本衡量之金融工具」帳戶　(D)採利息法攤銷公司債投資溢價，將使前期所攤溢價較後期小。

(　) 53.若期初與期末固定資產之帳面價值分別為 $38,500 與 $43,750，當年度提列

折舊 $6,750，且未出售任何固定資產，則年中購入固定資產成本若干？ (A)$1,500 (B)$12,000 (C)$5,250 (D)無法確定。

( ) 54.下列哪一項應被視為長期資產？ (A)建設公司所蓋的別墅 (B)學校所擁有的教室 (C)福特剛推出的新型轎車 (D)土地開發公司所購買的土地。

( ) 55.辦理折舊性資產重估價時，將使： (A)資產及折舊費用增加 (B)資產增加，費用不變 (C)資產不變，折舊費用增加 (D)資產及折舊費用均不變。

( ) 56.採權益法評價之長期投資，若收到現金股利，則應貸記： (A)保留盈餘 (B)投資收益 (C)長期投資 (D)營業收入。

( ) 57.下列何種折舊方法所計算之第一年之折舊費用最大？ (A)直線法 (B)二倍餘額遞減法 (C)年數合計法 (D)不一定，視耐用年限而有所不同。

( ) 58.下列何項屬於無形資產？ (A)應收帳款 (B)預付費用 (C)商標權 (D)研究發展支出。

( ) 59.長期股權投資對被投資公司有重大影響力者，應按何種方法處理？ (A)成本法 (B)成本與市價孰低法 (C)權益法 (D)權益法，並編製合併報表。

( ) 60.固定資產之帳面價值是指固定資產之 (A)重置成本 (B)歷史成本減累積折舊 (C)淨變現價值 (D)清算價值。

( ) 61.在採用零售價法評估期末存貨價值時，下列哪一項目會同時影響進貨成本與零售價？ (A)進貨運費 (B)進貨折扣 (C)進貨退回 (D)正常損耗。

( ) 62.採用定期盤存制的白天公司，在去年度盤點時存貨少計 100 萬元，假設該公司適用稅率為 20%，這項錯誤將使： (A)去年度銷貨成本減少 100 萬元 (B)去年度淨利虛增 100 萬元 (C)去年度淨利虛減 80 萬元 (D)今年度淨利虛增 50 萬元。

( ) 63.某企業年終調整前帳上顯示：備抵壞帳餘額為 $20,000，其帳齡分析結果顯示：應提列的備抵壞帳金額為 $57,000，請問其今年應記錄的壞帳費用為多少？ (A)$20,000 (B)$57,000 (C)$77,000 (D)$37,000。

( ) 64.100 年底存貨 $50,000，淨利 $8,000，101 年淨損 $1,000，100 年底保留盈餘 $7,000，101 年底保留盈餘 $4,000。查帳後發現 100 年底存貨正確數為 $60,000，則 101 年度正確損益應為： (A)淨損 $1,000 (B)淨損 $11,000 (C)淨利 $1,000 (D)淨利 $9,000。

( ) 65.中和公司購置土地打算建造新辦公大樓，期間所發生的成本如：土地鑑定費

用 $2,000、土地過户費用 $10,000、土地的售價 $1,000,000、不動產仲介抽取的佣金 $6,000、將土地上原有的建築物拆遷 $50,000、申請辦公大樓的建築許可費 $20,000，請問該公司帳上需認列的土地成本為何？ (A)$1,000,000 (B)$1,006,000 (C)$1,068,000 (D)$1,088,000。

( ) 66.仁愛公司新添置發電機一台，相關的成本如下：發票金額 $4,000,000，因在十天內付款，享受到的 1% 現金折扣 $40,000，銷售稅 $30,000（無法市退），運費 $30,000，安裝費用 $10,000，再正式啓用前的維修費用 $5,000，請問仁愛公司在帳上認列的機器設備成本應為多少？ (A)$4,115,000 (B)$4,075,000 (C)$4,035,000 (D)$4,030,00。

( ) 67.東北公司最近由國外進口自動化機器一台，發票金額為 $500,000，進口關稅為 $100,000，東北公司並支付了貨櫃運費 $70,000，此機器估計的使用年限為 8 年，並有殘值 $20,000，請問此機器的可折舊成本為多少？ (A)$650,000 (B)$670,000 (C)$480,000 (D)$81,250。

( ) 68.下列有關無形資產的敘述何者正確？ (A)無形資產的經濟壽命等於其法定壽命 (B)企業發展一項無形資產所耗費的一切心血及費用，均應視同此無形資產的成本而予以資本化 (C)應收帳款為一無實體的資產，應列為一種無形資產 (D)研究發展的成本因不確定未來的效益，固財務會計準則多視為費用。

( ) 69.上市公司發行股票交換固定資產，應以下列何者為資產之成本？ (A)固定資產之公平價值 (B)股票之面額 (C)股票之市價 (D)固定資產在賣方上記載之價值。

( ) 70.若某企業採用定期盤存制，若其在 2001 年的期末存貨被高估 $10,000，若該公司當年度所適用的稅率為 30%，請問其對該公司當年度的銷貨毛利影響為何？ (A)毛利被高估 $7,000 (B)毛利被低估 $7,000 (C)毛利被高估 $10,000 (D)毛利被低估 $10,000。

( ) 71.郭氏公司的銷售額為 30,000 元，應付帳款增加 5,000 元，應收帳款減少 1,000 元，存貨增加 4,000 元，折舊費用 4,000 元。請問郭氏公司從客户收回多少現金？ (A)31,000 元 (B)35,000 元 (C)34,000 元 (D)26,000 元。

( ) 72.西北公司向銀行借入 700 萬元整建停車場，該公司會計人員將此 700 萬元列為當期的修繕費用，若您是該公司的會計師，您會同意嗎？ (A)不同意，因停車場是重大支出且沒有耐用年限，故應視同土地資產，但不需提列折舊 (B)同意，該項支出資金來源並非公司自有資金，而是向銀行借款償付，故在貸款付清前不應認列資產 (C)不同意，整建停車場所帶來的經濟效益不只一年，應屬資本支出，並逐年提列折舊 (D)同意，整建停車場不同於購買停車場，前者只是修繕，應列為當期費用，後者是資產，才應列為建築物。

( ) 73.期初存貨 $200,000，本期進貨 $500,000，銷貨收入 $800,000，毛利率 30%，則期末存貨等於： (A)$140,000 (B)$230,000 (C)$170,000 (D)$20,000。

( ) 74.下列敘述何者為真？ (A)以帳齡分析法計算當期壞帳費用，不需考慮備抵壞帳餘額 (B)以銷貨百分比法所計算出的壞帳金額，亦即為資產負債表上的累積折舊 (C)壞帳估計法會造成企業操縱盈餘，故只適用於未上市的小型公司 (D)持應收票據在銀行辦理貼現，不論銀行有無追索權，都可降低企業的速動比率。

( ) 75.下列何者敘述為真？ (A)壞帳費用應列為公司的銷貨成本 (B)以帳齡分析法處理壞帳，不需使用備抵帳戶 (C)以直接沖銷法處理壞帳，會造成收入與費用無法配合 (D)在估計法下，被確認為壞帳本身被沖銷、但其後又收回時，企業應認列其他收益。

( ) 76.購買面額 $100,000 之公司債作為經常交易債券，支付購價 $100,700，應計利息 $2,000，證交稅、手續費等共計 $1,000，則該經常交易債券成本為： (A)$100,000 (B)$100,500 (C)$101,700 (D)$103,700。

( ) 77.2012 年 12 月 31 日中華汽車公司的「備抵壞帳」有借方餘額 $5,000。2012 年的帳齡分析表指出壞帳有 $6,500 預期成為壞帳，2012 年中華汽車的壞帳費用為 (A)$11,500 (B)$6,500 (C)$5,000 (D)$1,500。

( ) 78.中林企業刻意多提列生產部門機器設備的折舊費用，其影響是： (A)總資產增加 (B)營業活動所造成的現金流量減少 (C)營運資產減少 (D)毛利率降低。

( ) 79.101 年度利息費用多計 $10,000，進貨運費少計 $5,000，期末存貨少計 $5,000，則 101 年度損益表會有何影響？ (A)銷貨成本少計 $10,000 (B)銷貨毛利少計 $5,000 (C)營業淨利少計 $10,000 (D)營業淨利不變。

解答：

1.	B	2.	D	3.	A	4.	A	5.	B
6.	B	7.	B	8.	B	9.	A	10.	A
11.	B	12.	D	13.	D	14.	C	15.	A
16.	C	17.	B	18.	B	19.	C	20.	C
21.	D	22.	D	23.	C	24.	D	25.	C
26.	C	27.	B	28.	D	29.	D	30.	C
31.	C	32.	A	33.	C	34.	C	35.	C
36.	D	37.	B	38.	D	39.	D	40.	B
41.	C	42.	A	43.	C	44.	C	45.	B
46.	B	47.	A	48.	D	49.	C	50.	A
51.	D	52.	C	53.	B	54.	B	55.	A
56.	C	57.	B	58.	C	59.	C	60.	B
61.	C	62.	C	63.	D	64.	B	65.	C
66.	C	67.	A	68.	D	69.	C	70.	C
71.	A	72.	C	73.	A	74.	D	75.	C
76.	C	77.	A	78.	D	79.	D		

第六章

融資活動

第一節

流動負債

所謂流動負債是指到期日在一年或一個營業週期以內以流動資產，或以其他流動負債償還之負債，通常因融資活動而產生的流動負債包括短期借款及長期負債一年內到期的部分。理論上所有負債，不論短期或長期，均以現值評價，但實務上，流動負債通常是按到期值入帳，這是基於穩健原則及重要性原則，因為流動負債的清償期間短，且其現值與到期值差異不大，故這種方法是可以接受的。

例：

長期負債將於一年或一個營業週期到期，不預期或無能力將負債再融資或展期至報導期間後至少十二個月以上：　(A)應列為長期負債，不必特別處理　(B)仍列為長期負債，另設一個「一年內到期長期負債」　(C)轉列為流動負債　(D)以上作法皆可。

解：(C)

第二節

長期負債

長期負債是指不需在一年或一營業週期內動用流動資金以償付的負債，皆屬於長期負債。常見的長期負債有應付公司債、長期應付票據、長期銀行借款、長期租賃負債等，皆是來自企業的融資活動。以下我們介紹應付公司債及長期應付票據。

一、應付公司債

公司債是指發行公司約定一定日期支付一定的本金，及按其支付一定之利息給投資人的書面承諾。公司債是公司資產負債表上最常見的長期負債，是企業長期融資的主要方法之一。債券上會載明發行日期、金額、利率、付息日及到期日等等。債券上所載的利率稱為票面利率，又稱為名義利率。投資人所願意接受的投資報酬率，稱為有效利率或市場利率。

(一)公司債的發行

公司債發行價格乃為其所支付的本息按投資人之有效利率所折算的現值，當有效利率等於票面利率時，其現值等於面額，該債券可按面額出售，稱為平價發行。當有效利率大於票面利率時，則現值小於面值，其差額稱為折價，此時債券會以低於面額的價格出售，稱為折價發行。當有效利率小於票面利率時，其現值大於面值，其差額稱為溢價，此時債券會以高於面額的價格出售，稱為溢價發行。而公司債的折價或溢價應於公司債存續期間攤銷。當公司債不是以面額發行時，其利息費用與支付利息的關係如下：

利息費用＝支付利息＋折價攤銷
利息費用＝支付利息－溢價攤銷

(二)公司債的會計處理

公司債的攤銷方式有兩種：利息法與直線法。

在利息法下，由於債券是以有效利率折算本金及各期利息的現值之和，故每期利息應反映此一有效利率。也就是說，每期利息費用等於該期期初債券帳面價值，乘以有效利率。而利息費用與實際支付利息之差額為溢折價攤銷數。以此種方式攤銷，每期之利率均相等，稱為利息法。

假設大有公司於 2007 年 1 月 1 日發行面額 \$100,000，3 年到期，利率 10%，每年 12 月 31 日付息的公司債，按有效利率 12% 發售，則：

公司債現值為＝\$100,000×0.71178＋\$10,000×2.401831＝\$95,196
公司債折價＝\$100,000－\$95,196＝\$4,804

此時發行公司債時的會計處理為

現金	95,196	
應付公司債折價	4,804	
應付公司債		100,000

第一年認列的利息費用＝\$95,196×12%＝\$11,424

第一年攤銷的折價金額＝\$11,424－\$10,000＝\$1,424

為了方便計算溢折價攤銷金額，可編製溢折價攤銷表：

大有公司

公司債折價攤銷表

利息法

日　期	現　金	利息費用	公司債折價	帳面價值
07/01/01				\$95,196
07/12/31	\$10,000	\$11,424	\$1,424	96,620
08/12/31	\$10,000	11,594	1,594	98,214
09/12/31	\$10,000	11,786	1,786	100,000

支付利息的分錄為

	07/12/31		08/12/31		09/12/31	
利息費用	11,424		11,594		11,786	
應付公司債折價		1,424		1,594		1,786
現金		10,000		10,000		10,000

在直線法下，攤銷是根據溢折價總額平均分攤在各付息期間。亦即每期溢折價攤銷數額均相同，同上題，公司每年的折價金額及利息費用如下：

每年攤銷的折價金額＝\$4,804÷3＝\$1,601

每年的利息費用＝\$10,000＋\$1,601＝\$11,601

支付利息的分錄為

	07/12/31		08/12/31		09/12/31	
利息費用	11,601		11,601		11,601	
應付公司債折價		1,601		1,601		1,601
現金		10,000		10,000		10,000

由於計算利息費用的方式不同，其利息費用會有所不同，其對財務報表的影響也不同。根據上述的例子可以發現，利息法在早期的利息費用低於直線法的利息費用，於後期利息法下的利息費用高於直線法下的利息費用。當這兩種方法所計算每年利息費用存有重大的差異時，尤其當公司債發行期限愈長，或溢折價金額愈大時，直線法與利息法所攤銷的結果差異會愈大，此時應採用利息法來進行溢折價攤銷。

公司債債務解除，可分為到期收回、提前收回及轉換為普通股。到期收回時，公司債之溢折價已全部攤銷，此時應沖銷公司債面額。若為提前清償的情況下，須先認列上次付息日到收回日這之間的應付利息，並攤銷該段期間的溢折價，以決定收回時公司債的帳面價值，並就收回價格與公司債帳面價值之差額認列公司債收回損益，由於債務的清償或消滅的主動權在發行公司，為了防止操縱損益，提前清償公司債的損益應列入非常損益項目。若轉換為特別股，若轉換日非付息日，須先做必要的調整，並決定轉換時公司債的帳面價值，及決定普通股的入帳金額。並採用面額法或市價法進行轉換。

二、長期應付票據

長期應付票據性質與公司債很類似，兩者均有固定的到期日，為企業長期融資的工具之一。長期應付票據應以未來利息及本金現金流量之現值來評價，其所產生的折價或溢價，應於票據存續期間攤銷。

假設南亞公司於 2007 年 1 月 1 日簽發面額 $200,000，不附息，3 年到期的應收票據向大有公司借 $150,263，有效利率為 10%。

發行時的會計處理為：

現金	150,263	
應付票據折價	49,737	
應付票據		200,000

每年年底認列利息費用：

第一年應認列的利息費用＝$150,263×10%＝$15,026
第二年應認列的利息費用＝($150,263＋$15,026)×10%＝$16,529
第三年應認列的利息費用＝($150,263＋$15,026＋$16,529)×10%＝$18,182

	07/12/31		08/12/31		09/12/31	
利息費用	15,026		16,529		18,182	
應付票據折價		15,026		16,529		18,182

第三節

可轉換公司債

公司有時發行公司債，規定債券持有人於一定期間之後，得按一定之轉換比率或轉換價格，將公司債轉換成發行公司之股票。此種公司債稱為可轉換公司債。轉換公司債有兩種方法，一種是認為轉換權利是有價值的，能使同一票面利率的債券以較高的價格出售，或降低票面利率而依相同價格出售。此一轉換價值屬於普通股的價值，故應列為資本公積。另一種方法是將全部發行價格做為公司債的售價，不認列轉換權益的價值，IAS32 規定應將全部發行價格作為負債入帳，不得分攤一部分至轉換權利價值。

假設安和公司於 2007 年 1 月 1 日發行 $200,000 公司債，票面利率 10%，5 年到期，每年年底付息，該公司債有轉換權利，規定發行後二年，可以按每 $1,000 面值轉換該公司普通股 100 股，每股面值 $10，當時實際售價為 $215,971，故發行時的分錄如下：

現金	215,971	
公司債折價		15,971
應付公司債		200,000

轉換時，有兩種方式可以進行轉換。若採用面額法處理，普通股入帳金額為公司債的帳面價值，轉換損益為零。若按市價法處理，則以普通股公平市價作為普通股入帳金額，並就普通股公平市價與公司債帳面價值的差額認列轉換損益。同上述例子，假設於 2009 年 1 月 1 日進行轉換，當時公司債帳面價值為 $210,309，其當時普通股市價為 $15，若採用面額法，則轉換時分錄如下：

應付公司債	200,000	
應付公司債折價	10,309	
普通股		200,000
資本公積－普通股溢價		10,309

若採用市價法，其公平市價為 $200,000÷$1,000×100×$15＝$300,000

應付公司債	200,000	
應付公司債折價	10,309	
轉換損失	89,691	
普通股		200,000
資本公積－普通股溢價		100,000

第四節

或有事項

所謂或有事項是指資產負債表日以前既存之事實或狀況，可能已對企業產生利得或損失，惟其確切結果，有賴於未來不確定事項之發生或不發生來加以證實者。而未證實其確切結果前的利得與損失，稱為「或有利得」或「或有損失」。

由於或有事項有賴於未來不確定事項之發生或不發生的可能性而予以證實，因此，在企業財務報表上的表達方式有三種：應預計入帳、應附註揭露、得附註揭露。根據情況不同而處理方式有不同。

當相關事項之發展同時滿足「很有可能」發生損失且損失金額能夠合理估計時，應預計入帳。當未來「很有可能」發生損失，但金額無法合理估計時或未來「有可能」發生損失時，應附註揭露。當或有損失之相關事項的發展「極少可能」發生損失，得於財務報表中揭露其存在及性質。此類或有損失可不必估記入帳，亦不必加以揭露。或有利得因尚未實現，原則上均不入帳，只有或有利得「很有可能」發生利得時，才能在附註中揭露。「有可能」發生利得時，得以在財務報表中揭露。整理如下表：

在或有損失的情況下：

	金額能夠合理估計	金額無法合理估計
很有可能發生	應入帳	不入帳、但應附註揭露
有可能發生	不入帳、但應附註揭露	不入帳、但應附註揭露
極少可能發生	不入帳、但得附註揭露	不入帳、但得附註揭露

在或有利得的情況下：

	金額能夠合理估計	金額無法合理估計
很有可能發生	不入帳、但應附註揭露	不入帳、但應附註揭露
有可能發生	不入帳、但得附註揭露	不入帳、但得附註揭露
極少可能發生	不入帳、不附註揭露	不入帳、不附註揭露

或有損失與負債，若同時符合很有可能發生或金額可以合理估計兩項條件時，應加以認列，分析人員應注意公司是否有未認列或低估負債的可能性，故財務分析人員應試圖去收集有關這些或有負債的內容及金額的詳細資料。

第五節

租　賃

租賃是指當事人之一方將資產交付他方在一定期間使用收益，而他方則承諾支付一定租金的交易行為。這種交易的合約即稱為租賃。

一、資本租賃與營業租賃的認列條件

根據 IAS17，若移轉附屬於租賃標的物所有權之幾乎所有風險與報酬，應分類為融資租賃。營業租賃係指融資租賃以外之租賃。

(1)租賃其間屆滿時，資產所有權轉與承租人。

(2)在租賃開始日，可合理確信優惠承購權將被行使。

(3)即使所有權未移轉，但租賃期間涵蓋租賃資產經濟年限之主要部分。

(4)租賃開始日，最低租金給付額現值達該租賃資產幾乎所有之公允價值。

(5)租賃資產具相當之特殊表達，若無法進行重大修改僅有承租人能夠使用之。

(6)如承租人得取消租約，出租人因解約所產生之損失須由承租人承擔。

(7)殘值之公允價值波動所產生之利益或損失由承租人承擔。

(8)承租人有能力以較市場租金為低之價格續租次一期間。

一項租賃在承租人列為資本租賃，而出租人可能列為營業租賃，兩方面的分類可能產生不一致的情況。對出租人而言，資本租賃產生製造商或經銷商損益者，亦即應收租賃款之現值大於或小於租賃資產之成本或帳面價值者，稱為銷售型租賃。若不產生製造商或經銷商損益者稱為直接融資租賃。

二、租賃會計處理

(一)營業租賃

對承租人來說，每期支付租金時，應做下列之分錄：

租金費用	×××	
現金		×××

對出租人來說，每期收取現金時，應做下列之分錄：

現金	×××	
租金收入		×××

(二)資本租賃

承租人之會計處理如下：

1. 租賃開始日，認列租賃資產及負債

租賃資產	×××	
應付租賃款		×××

2. 支付租金及承認利息費用時

當為期初付款時，應於期初做下列的分錄：

應付租賃款	×××	
現金		×××

於期末計息時，做以下的分錄：

利息費用	×××	
手續費支出	×××	
應付租賃款		×××

當為期末付款時，期初無須做分錄，於期末時做以下的分錄：

利息費用	×××	
手續費支出	×××	
應付租賃款	×××	
現金		×××

由於資本租賃及營業租賃的會計處理不同，對財務報表的影響也不同。就資本租賃來說，在租賃期間，由於需認列租賃資產及負債，使得其對資產負債表有很大的影響，相對的，在損益表下也認列較多的折舊費用及利息費用。就營業租賃來說，無須認列資產及負債，對資產負債表影響較小，所認列的費用也較少。

第六節

股東權益

股東權益分為投入資本、保留盈餘及其他（如未實現長期股權投資跌價損失等），投入資本包括股本及資本公積兩部分，保留盈餘可區別為指撥保留盈餘及未指撥保留盈餘。在分析股東權益構成項目時，雖然對於公司盈餘之決定無重大影響，但對於如何去分析構成項目的變動卻是很重要的。

一、投入資本

(一)股票的種類

依股東權利來分，股本可以區分為普通股及特別股兩種。普通股股東的基本權利包括：表決權、盈餘分配權、剩餘資產分配權及優先認股權。而特別股最常見的特徵為：

1. 累積盈餘分配權或參加盈餘分配權

累積特別股的盈餘分配權不因本期末未宣告發放股利而喪失，可遞延至以後分配盈餘時一併發放。參加特別股的股東，除了取得依約定股利率分配的股利外，在普通股股東分配同一比率的股利後，可共同參與分配剩餘的盈餘。

2. 可轉換成普通股

可轉換特別股之股東具有選擇權。即允許特別股股東有轉換為普通股的權利。

3. 可由發行公司收回

當公司有多餘資金或可取得成本較低的資金時，可約定收回價格收回特別股，以節省資金成本。

4. 剩餘財產優先分配權

指當公司解散清算時，經清償所有債務之後，特別股之股東有優先分配剩餘財產之權利。

5. 無表決權

公司多限制特別股的表決權或發行時無表決權的特別股，以免間接影響普通股股東對公司間接的控制能力。

(二)股票之發行

股票可分為面額股及無面額股，無面額股可分為有設定價值的無面額股及無設定價值的無面額股，無設定價值的無面額股以所有繳入的股款作為其資本額。在我國規定每股面額 $10。

(三)投入資本的變動

庫藏股是指公司以收足股款並發行在外，經公司買回尚未註銷的股票。採用成本法下，當購入庫藏股時，應借記庫藏股，以顯示資本的暫時減少。再發行時，應貸記庫藏股以顯示資本之補回，當再發行價格超過買回庫藏股成本的部分，應認列「資本公積－庫藏股交易」，若再發行價格低於成本時，先沖銷「資本公積－庫藏股交易」，若仍不足再借記「保留盈餘」。

假設天工公司於 2010 年 1 月 1 日發行普通股股本 10,000 股，每股面額 $10，於 3 月 1 日買回庫藏股 3,000 股，每股市價 $15，4 月 1 日賣出庫藏股 2,000 股，每股面額 $16，於 8 月 1 日將剩餘的庫藏股全部賣出，當時市價為 $11。其會計處理為：

3 月 1 日買回庫藏股 3,000 股：

庫藏股	45,000	
現金		45,000

4 月 1 日賣出 2,000 股：

現金	32,000	
庫藏股		30,000
資本公積－庫藏股交易		2,000

8 月 1 日全部賣出：

現金	11,000	
資本公積－庫藏股交易	2,000	
保留盈餘	2,000	
庫藏股		15,000

在分析財務報表時，庫藏股股東的權利可能會受到法律的限制，如股利之分派、表決權、優先認購新股、分配剩餘財產等權利的限制。除此之外，與庫藏股票等額之保留盈餘亦限制不得分配股利，故須在財務報表附註揭露其相關資訊。

二、保留盈餘

(一)保留盈餘的變動

保留盈餘的變動常涉及很多交易的變動，使保留盈餘增加的原因包括本期淨利、前期損益調整及以資本公積彌補虧損等。保留盈餘減少的原因包括本期淨損、股利分配、庫藏股交易等等。我們在下面討論之。

前期損益調整主要是因為前期損益計算發生錯誤，包括在計算、認定、記錄的錯誤等等，而於前期財務報表發佈後，才加以更正。通常發現前期錯誤時，直接貸記或借記保留盈餘，或是先記錄在前期損益調整，於期末時再轉入保留盈餘。

股利的種類有很多種，可分為現金股利、股票股利。現金股利是指公司以支付現金的方式將盈餘分配給股東，股票股利是指公司在分配盈餘時以發行自己的股票依股東持有比例分配給股東。其現金股利的會計處理如下：

宣告日：

保留盈餘	×××	
應付股利		×××

發放日：

應付股利	×××	
現金		×××

(二)保留盈餘的指撥

保留盈餘的指撥可能是基於契約約定、法律規定或是公司自行提撥。主要是為了特定的目的而將盈餘重分配，非盈餘的分配，盈餘一旦分配後，為永久性的減少，以後不再發放現金股利或股票股利。但有關指撥的部分仍是保留盈餘的一部分。

依我國公司法規定，公司在分配盈餘前必須先將稅後盈餘的 10% 提列指撥，此指撥稱為法定盈餘公積，須於提撥完才可發放股利。

1. 契約規定

例如公司在發行公司債或是在貸款的協議上，會對保留盈餘特定數額加以限制或保留要求，限制公司分配股利。

2. 自行提撥

公司可能為了擴充廠房或是預期未來會發生損失而需自行指撥保留盈餘。

保留盈餘不論是因為何種原因加以限制或提撥，當原因消滅後，應將提撥之盈餘還原為未提撥的保留盈餘。保留盈餘的指撥僅影響股東權益項目，但不直接影響公司的資產或負債。以上相關的保留盈餘的指撥應在財務報表附註中加以揭露。

第七節

籌資活動的現金流量

籌資活動通常包括與業主相關的交易事項、舉債借款或償還債款等等。

1. 與籌資活動相關的現金流量流入通常包括：現金增資發行新股、舉借債務、出售庫藏股票等等相關的交易。
2. 與籌資活動相關的現金流量流出通常包括：現金股利的支付、購買庫藏股票、退回資本、償還銀行借款及償付延期價款之本金等等。

投資及籌資活動影響企業財務狀況而不直接影響現金流量者，應於現金流量表中補充揭露。投資及籌資活動同時影響現金及非現金項目者，應於現金流量表中列報影響現金的部分，並對交易的全貌作補充揭露。

不影響現金流量的投資籌資活動，舉例如下：

1. 發行公司債交換非現金資產。
2. 發行股票交換非現金資產。

3. 資本租賃方式取得租賃資產。

4. 短期負債再融資為長期負債；或長期負債轉為流動負債。

5. 非現金資產交換非現金資產。

6. 公司債或特別股轉換為普通股。

對於不影響現金流量也不會影響非投資籌資活動，此項交易在現金流量表上無須表達，也不需要揭露，例如發放股票股利、資產重估增值或提、法定盈餘公積、盈餘準備等等。

練習題

( ) 1. 現金流量表中，發放現金股利屬何種活動：(A)籌資活動 (B)投資活動 (C)融資活動 (D)其他活動。

( ) 2. 編製現金流量表時，提撥法定盈餘公積，應列在下列何種活動項下？(A)營業活動 (B)投資活動 (C)融資活動 (D)不必揭露。

( ) 3. 以股票換取土地應記為：(A)來自投資活動之現金流量 (B)來自籌資活動之現金流量 (C)不必報導 (D)不影響現金之重大投資及籌資活動。

( ) 4. 編製現金流量表時，下列哪一項目應列於籌資項目？(A)利息費用之付現 (B)現金股利之付現 (C)利息收入之收現 (D)股利收入之收現。

( ) 5. 關於現金流量表之不影響現金之投資及籌資活動，下列中何者為是？(A)報導在現金流量表的主體中 (B)報導在伴隨在現金流量表的個別附註中 (C)報導在損益表內 (D)未在財務報表內報導。

( ) 6. 關於利息費用，以下哪一項敘述是對的？(A)債券上載明的利率愈高，債券流通在外期間，企業的利息費用愈高 (B)債券上載明的利率愈高，債券流通在外期間，企業的利息費用愈低 (C)折價發行的債券，在其流通在外期間，其年度利息費用會高於其付息金額 (D)折價發行的債券，在其流通在外期間，其年度利息費用會低於其付息金額。

( ) 7. 某公司被控其工廠排出之廢氣對居民造成傷害，該公司之律師認為很可能敗訴，且賠償金額應在 500 萬元至 2,500 萬元之間，最可能之金額為 1,000 萬元，則該公司應：(A)認列或有損失 500 萬元，並揭露額外或有損失數額 2,000 萬元 (B)認列或有損失 10,000 萬元，並揭露額外或有損失數額 1,500 萬元 (C)認列或有損失 2,500 萬元 (D)不必認列任何損失，只需揭露或有損失數額 2,500 萬元。

( ) 8. 甲公司資產負債表中列有「承諾事項與或有負債」項目，但未列出任何金額。下列敘述何者正確？(A)該公司有認列或有負債，但漏列在資產負債表中 (B)該公司並無任何或有負債 (C)該公司有或有負債存在，但以認列金額為 0 (D)資產負債表中的或有負債項目本來就不會列出金額，只是用來提醒報表閱讀者該項目的存在。

(　) 9. 在所謂「銷售型」的融資租賃中，出租人所賺取的收入被歸類為：A.銷貨毛利　B.租金收入　C.利息收入　(A)只有 A　(B)A 和 B　(C)A 和 C　(D)只有 C。

(　) 10.尚豪書店售出圖書禮券，並收到現金，此一交易對財務報表的影響為：(A)收入增加　(B)收入減少　(C)負債增加　(D)負債減少。

(　) 11.下列何者屬於或有負債？　(A)可轉換公司債　(B)公司債發行溢價部份　(C)產品售後服務保證負債　(D)應付融資租賃分期付款。

(　) 12.台中公司為辦公家具製造商，該公司品管部門發現 101 年度出售的一批家具有缺陷，可能會有顧客要求賠償，但機率不是非常大，而賠償金額可合理估計。該公司該如何處理？　(A)因可能性不是很大，亦應預計入帳，並在附錄中揭露　(B)為符合穩健原則，雖然可能性不是很重大，亦應預計入帳，並在附錄中揭露　(C)不必預計入帳，但在附錄中揭露　(D)預計入帳即可，不須再做附註揭露。

(　) 13.阿達公司將發行新股 1,000,000 股，其中 10% 將由員工優先認購。假設認購價格為每股 \$30，股票面額為 \$10，則阿達公司應認列「應付員工股利」之金額為　(A)\$250,000　(B)\$1,250,000　(C)\$750,000　(D)\$0。

(　) 14.台東公司有一筆 \$8,000,000 之負債將於 102 年 3 月 1 日到期，該公司預訂於 102 年 3 月 5 日發行長期債券，並以取得之資金補充因償還前述 \$8,000,000 負債所造成之資金短缺。假設台東公司 101 年 12 月 31 日資產負債表於 102 年 3 月 11 日發布，則上述之 \$8,000,000 負債應列為　(A)流動負債　(B)長期負債(C)東南公司可自行選擇分類方式　(D)視新發行長期債券所得資金之用途而定。

(　) 15.A.預收貨款　B.應付公司債溢價　C.暫付款　D.應付現金股利　上述四項中屬於流動負債者，計有　(A)四項　(B)三項　(C)二項　(D)一項。

(　) 16.下列何者敘述有誤？　(A)估計負債與或有負債皆列於流動負債項下　(B)估計負債是確實已存在的，而金額是不確定之負債　(C)或有負債是指將來發生負債的可能性　(D)應收帳款貼現是屬於或有負債。

(　) 17.元大電子公司於民國 99 年 1 月 1 日購入面額 \$5,000,000 債券，購價為 \$4,868,920，則該票面利率為 7%，付息日各為每年 1/1 及 7/1。民國 102 年 1 月 1 日到期，有效利率為 8%，試求民國 99 年 7 月 1 日利息為若干？

(A)$194,756.80 (B)$184,756.80 (C)$195,756.80 (D)$185,756.80。

( ) 18.仁愛公司 102 年度曾現金增資 $100,000，購買有價證券 $20,000，發放現金股利 $40,000，以 $35,000 出售帳面價值 $28,000 之器具，呆帳 $2,000，專利權攤銷 $600，發行公司債 $300,000，以期票購入土地 $150,000，純益 $210,000，則 102 年度之現金流量： (A)流入 $587,600 (B)流出 $587,600 (C)流入 $580,600 (D)流出 $580,600。

( ) 19.甲公司被乙公司控告侵犯智慧財產權，乙公司並要求賠償 $200,000 之損失。甲公司法律顧問認為甲公司極有可能敗訴，賠償金額可能的範圍為 $100,000 至 $150,000，其中以 $120,00 的可能性最大，甲公司財務報表中認列有關此一事件的負債金額應為 (A)$100,000 (B)$120,000 (C)$150,000 (D)$200,000。

( ) 20.下列何者於資產負債表上應列為流動負債？ (A)須於資產負債表日後 13 個月清償者 (B)因違反借款合約特定條件，致使長期負債依約需即期與清償，且債權人並不同意不予追究 (C)因固定資產帳面價值與課稅基礎差異所產生之遞延所得稅負債 (D)5 年後到期之應付公司債。

( ) 21.買回庫藏股後，交易採用成本法處理，若買回價格高於面額，將使得股本權益總數： (A)不變 (B)增加 (C)減少 (D)或增或減視情況而定。

( ) 22.下列敘述何者正確？ (A)庫藏股交易可能減少淨利但不可能增加淨利 (B)庫藏股交易可能減少保留盈餘但不可能增加保留盈餘 (C)以成本法與面額法處理庫藏股交易，結果將使得股東權益之總數不同 (D)成本法下買回庫藏股將使法定資本減少。

( ) 23.下列何項非屬公司法所規定之資本公積？ (A)處分固定資產溢價 (B)資產重估增值 (C)庫藏股交易 (D)發行股票溢價。

( ) 24.下列敘述何者正確？ (A)庫藏股交易可能減少但不會增加保留盈餘 (B)庫藏股交易可能減少但不會增加資本公積 (C)庫藏股交易可能減少但不會增加本期淨利 (D)庫藏股成本應列為保留盈餘之減項。

( ) 25.下列何者不屬於資本公積？ (A)資產重估增值稅 (B)普通股發行溢價 (C)特別股發行溢價 (D)捐贈資本。

( ) 26.應付公司債折價攤銷為： (A)負債之減少 (B)利息費用之減少 (C)公司債到期日應償還新台幣數額之增加 (D)利息費用之增加。

(　) 27.企業買回流通在外的股數，下列哪一項會減少？ (A)普通股本 (B)股東權益 (C)長期投資 (D)實收資本。

(　) 28.相較於一般特別股股票，假設其他條件皆相同，投資人對於以下哪一種特別股的購買意願會比較低？ (A)可收回特別股 (B)參加特別股 (C)累積特別股 (D)可轉換特別股。

(　) 29.下列關於可轉換公司債的敘述何者正確？ (A)票面利率通常高於發行日市場利率 (B)轉換價格通常高於發行日普通股股票之公平市價 (C)轉換價格在發行日後不能調整 (D)票面利率不得設定為0。

(　) 30.分配員工紅利，會對財務報表產生何影響？ (A)費用增加 (B)股東權益減少 (C)負債減少 (D)本期淨利減少。

(　) 31.若以有效利率法攤銷公司債之溢價，則每期攤銷之溢價金額為： (A)遞增 (B)遞減 (C)不變 (D)不一定。

(　) 32.若以有效利率法攤銷公司債之折價，則每期攤銷之折價金額為： (A)遞增 (B)遞減 (C)不變 (D)不一定。

(　) 33.將於一年內發放的應付股票股利與應付現金股利在會計報表中應如何處理？ (A)應付股票股利為股東權益科目，而應付現金股利為流動負債 (B)應付股票股利為流動負債，而應付現金股利為股東權益項目 (C)兩者皆為流動負債 (D)兩者皆為股東權益科目。

(　) 34.以下關於庫藏股的敘述何者有誤？ (A)買入庫藏股就沒有盈餘分配權 (B)買入庫藏股沒有投票權 (C)買入庫藏股沒有剩餘財產清算權 (D)買入庫藏股不會影響公司的總資產。

(　) 35.請問在銷貨總額與銷貨淨額間尚有哪些項目？ (A)進貨退回 (B)商業折扣 (C)銷貨成本 (D)銷貨退回。

(　) 36.下列有關普通股面額的敘述何者為真？ (A)普通股的面額通常代表公司股票的市場價格 (B)一企業的普通股股本餘額通常會大於其普通股股本溢價的餘額 (C)普通股面額的大小在分析實際企業的經營績效或分析每股價值時，並無重要的意義 (D)一企業的普通股面額隱含者一旦企業經營不善遭清算時，普通股股東對公司資產的請求權。

(　) 37.某企業因計畫與建廠房，發行十年期長期公司債，發行時票面利率低於市場利率故折價發行，其帳上應該如何處理？ (A)一次認列折價總額為利息費

用 (B)一次認列折價總額為利息收入 (C)折價總額應列為長期負債的減項再分期攤銷 (D)折價總額應列為長期負債的加項再分期攤銷。

( ) 38.以下哪一個會計科目，不可能在損益表中出現？ (A)非常損益 (B)土地資產重估增值 (C)銷貨退回與折讓 (D)研究發展費用。

( ) 39.中央公司持有中興公司股票 10,000 股，每股面額 $10，中興公司於 101 年 4 月 1 日宣告將發放 2 元股票股利，當日中興公司股票市價為每股 $40 元，中央公司於 4 月 1 日應認列收入為何？ (A)$20,000 (B)$80,000 (C)$60,000 (D)$0。

( ) 40.下列何者為非 (A)已提列償債基金的長期負債，其即將於一年內到期償還部分，在資產負債表上應列為長期負債 (B)無列償債基金的長期負債，其即將於一年內到期償還部分，在資產負債表上應列為短期負債 (C)公司開出半年內到期之期票，公司向銀行貼現，應列為公司或有負債 (D)提撥償債基金準備，並不會使股東權益總額發生變動。

解答：

1.	A	2.	D	3.	D	4.	B	5.	B
6.	C	7.	B	8.	D	9.	C	10.	C
11.	C	12.	C	13.	D	14.	A	15.	C
16.	A	17.	A	18.	C	19.	B	20.	B
21.	C	22.	C	23.	C	24.	A	25.	A
26.	D	27.	B	28.	A	29.	B	30.	B
31.	A	32.	A	33.	A	34.	D	35.	D
36.	C	37.	C	38.	B	39.	D	40.	C

PART III

財務分析

第七章　短期償債能力（變現性分析）

第八章　長期償債能力及資本結構

第九章　投資報酬率與資產運用效率分析

第七章

短期償債能力（變現性分析）

企業的經營不可能完全仰賴業主的投資而從事所謂「無負債經營」；相較於早期企業的小規模，現代企業需要龐大的資金，且資金亦須負擔成本。在權益資金成本遠大於債務資金成本的成本考慮下，舉債經營成為增進股東權益報酬的不二法門。

舉債在獲致財務槓桿利益的同時也要承擔定期付息及屆期還本的義務，而履行此項付息還本的能力即償債能力。支付長期債務的利息與本金的能力即為長期償債能力，至於支付短期債務的利息與本金則有賴於短期償債能力。本章先闡述短期償債能力，下一章再討論長期償債能力。

短期償債能力的衡量，著重在企業即時足額償還流動負債的保證程度，是衡量企業流動資產變現能力的重要指標，包括流動資產與流動負債的相對關係，以及營業週轉狀況。前者在於測度即期債務在數額上的保障程度，後者則強調與債務在時程上的配合。

第一節

短期償債能力的基本概念

一、短期償債能力的意義

一企業的短期償債能力即該企業支付即將到期債務的能力，故一般又稱為支付能力。即將到期的債務，係指流動負債而言；至於支付流動負債的財源，通常來自二途：(1)營運資金；(2)營業週期所衍生的現金。因此，分析一企業的短期償債能力，可由下列二個觀點著手：

(一)從營業週期的觀點來看

營業週期的長短攸關著企業將資產或負債區分為流動或非流動。從這個觀念來看短期償債能力，指的是一個企業使用流動資產償付流動負債的能力，先正確劃分出資產及負債之流動與非流動項目，再分析流動資產與流動負債間的搭配情形，才能真正衡量該企業的短期償債能力和應變風險的能力。

(二)從財務彈性的觀點來看

企業的財務彈性與短期償債能力，在指企業的流動性和變現能力而言；即以流動資產變現及償付流動負債所需時間的長短而定。流動資產的變現能力與其構成項目的內涵及企業管理控制政策有關，所以企業的授信能力和應變風險的能力也可在企業的短期償債能力上表現出來。

短期償債能力的好壞，直接影響一個企業的短期存活能力，它是企業健康與否的一項重要指標，可提供有關該企業短期經營生存狀況的訊息。

二、短期償債能力的重要

(一)對財務狀況資訊報導的重要

短期償債能力分析時，所取材的原始資料來自財務報表本身；且此項能力的評估影響分析者對企業生存競爭能力的看法。一旦企業已無能力償還短期債務，則其財務會計「繼續經營假設」將受到懷疑，再對財務報表進行其他分析及評估也已無價值和可信度。

(二)對企業生存和成長的重要

一企業如缺乏短期償債能力時，不但無法獲得有利的進貨折扣機會，而且由於無力支付其短期債務，勢必被迫出售長期投資或拍賣固定資產；甚至因無力償還債務，而導致破產的厄運。因此，企業之債權人、投資者、員工、供應商、顧客及一般社會大眾，均非常關心一企業的短期償債能力；蓋債權人對一企業貸款或授信，除希望能得到本金及利息之支付外，沒有權利再與股東分享企業的利潤，故必須審慎評估企業的償債能力，以保障其債權如期收回的安全性。又一企業的流動資產，如不足以抵償其流動負債時，企業的信用必然受損，可能導致公司股價下跌；再者企業由於信用有限，為籌措其資金，必須提高使用資金的代價，使資金成本提高而喪失各種有利投資方案，進而影響其獲利能力。凡此種種，對投資者而言，均甚不利；公司如喪失短期償債能力，將無法按期支付薪資，員工甚至失去工作的機會；供應商將無法如期收回其帳款，甚至失去其顧客；公司的顧客，亦將失去進貨的來源。

由上述說明可知，短期償債能力不僅為履行短期債務的基本來源，而且也可利用各項有利的機會，作為擴大企業利潤的目標。

第二節

影響短期償債能力的基本要素

一企業營運資金多寡及營業循環速度，實為決定該企業短期償債能力的基本要素，分述如下：

一、營運資金多寡

所謂營運資金，係指流動資產減流動負債後的餘額。美國會計師公會會計程序委員會（Committee of Accounting Procedures）於 1953 年發佈第 43 號會計研究公報第三（ARB NO.43, CH.3, Part.4）指出：

流動資產係指現金及可合理預期將於一年或一個正常營業週期孰長期間內，轉換為現金，或節省現金使用的各項資產，通常涵蓋下列各項：(1)現金及約當現金；(2)商品存貨（包括原料、物料及零件等）；(3)應收款項（包括應收票據、應收帳款及應收承兌匯票等）；(4)可於一年內按正常營業方法收回的應收員工款項、應收關係企業款項及其他應收款項等；(5)按正常營業方法或條件發生的分期付款銷貨應收款或遞延款項等；(6)可於當年度變現的金融商品；(7)各項預付費用（包括預付保險費、預付利息、預付租金、預付稅捐、預付保險費及用品盤存等）；蓋此等預付費用雖不能轉換為現金，卻可節省現金的使用。

二、營業循環速度

一企業的短期償債能力大小，隨其營業循環速度而呈正比例關係；就買賣業而言，所謂營業週期，係指以現金購買商品，在商品未出售前，即為存貨型態；當商品一旦出售後，即由存貨轉換為應收帳款型態；應收帳款一旦收回後，又再轉換為現金型態；此項營業活動周而復始，構成一個循環。

第三節

短期償債能力的分析

分析短期償債能力的指標，通常有下列各項：(1)流動比率；(2)速動或酸性測驗比率；(3)現金比率；(4)應收帳款週轉率；(5)存貨週轉率……等。

一、流動比率

(一)流動比率之意義及功用

流動比率的意義在於每一元短期負債，有幾元流動資產可供清償的後盾，故又稱為償債能力比率（Liquidity Ratio）；以流動資產清償短期負債後，是否尚有餘額可供週轉運用。一般言之，一企業的流動比率愈高，表示其短期償債能力愈強；蓋就債權人的觀點而言，流動比率愈高，表示流動資產超過流動負債的倍數也愈多，一旦企業面臨清算時，則具有鉅額的流動資產作為緩衝，以抵沖資產變現損失，而確保其債權。根據經驗法則，通常均認為流動比率達到 200% 為最理想，流動比率的基本功能，在顯示短期債權人安全邊際（Margin Safety of Short-term Creditors）的大小。其計算公式如下：

$$流動比率=\frac{流動資產}{流動負債}$$

例如：為中股份有限公司 97 年流動資產是 \$179,849,479,000，流動負債是 \$53,099,467,000，則流動比率為 338.70%。這一比率的意思，就是表示 3.38：1；也就是說，流動資產有 \$3.38 可以償還 \$1.00 的流動負債。一般商業流動比率的測度，如果是 2 對 1 的比，就算是情形良好；不過，近年來一般人士認為企業過度擁有流動資產，也並非合理現象，尤其是在通貨膨脹很劇烈的情形下，更不以為然。

(二)流動比率之組成

流動比率之構成主要是指流動資產之組合，雖然流動資產都是短期內可轉換為現金的資產，但個別項目的變現能力仍有相當的差別，例如較具流動性的金融商品可隨時在證券市場變現，而存貨則須出售後經過若干時日才能收回款項，所以流動資產之組合對於瞭解企業的償債能力甚為重要。

此外有一種速動比率（Acid-Test Ratio 或 Quick Ratio），原為與流動比率同性質的分析方法，惟其內容較流動比率更為嚴格，亦可顯示流動比率之構成。此一比率將通常變現速度較慢的存貨及預付費用兩種資產自流動資產中減除，餘額稱為速動資產，然後將其與流動負債相比，所得商數稱為速動比率。其計算公式如下：

$$\text{速動比率} = \frac{\text{流動資產} - \text{存貨} - \text{預付費用}}{\text{流動負債}}$$

流動資產之組合將會影響速動比率，茲舉例如下：

	第一年		第二年	
	金額（元）	百分比	金額（元）	百分比
流動資產				
現金	$200,000	13.8	$100,000	6.9
公允價值變動列入損益之金融工具	300,000	20.7	250,000	17.2
應收帳款及票據	400,000	27.6	450,000	31.0
存貨	450,000	31.0	500,000	34.5
預付費用	100,000	6.9	150,000	10.33
流動資產總額	$1,450,000	100.0	$1,450,000	100.0

假定上例中流動負債兩年同為 700,000 元，則流動比率兩年同為 2.07：1，但速動比率則有差異，計算如下：

$$\text{第一年：}\frac{1{,}450{,}000 - 450{,}000 - 100{,}000}{700{,}000} = 1.29 : 1$$

$$\text{第二年：}\frac{1{,}450{,}000 - 500{,}000 - 150{,}000}{700{,}000} = 1.14 : 1$$

(三)流動比率之趨勢

流動比率須經過比較才能予以恰當的解釋，將流動比率與企業過去同一比率比較可瞭解其進步或退步情形，如將多年比率並列比較更可顯示其趨勢。但有時流動比率低落是季節性業務變動或經濟起伏的結果，例如：

	第一年	第二年
流動資產	$200,000	$300,000
流動負債	100,000	200,000
營運資金	$100,000	$100,000
流動比率	2：1	1.5：1

上例第二年因經濟繁榮，流動資產及流動負債均增加 100,000 元，營運資金仍與第一年相同，但流動比率則自 2：1 減為 1.5：1。反之，如第二年經濟衰退，流動資產及流動負債同樣減少，亦可導致流動比率提高。對於這種情形，只有從銷貨額及景氣變動方面去觀察，才能獲得正確瞭解。又在通貨膨脹物價上漲期間，流動資產及流動負債亦會隨而增加，其結果亦和上例第二年相似。此外，流動比率亦可人為的加以虛飾，俗稱窗飾，意謂商店將櫥窗裝飾華麗以吸引顧客注意。其係於年度結帳前將金融商品出售或將應收票據向銀行貼現，所得現金用以清償應付帳款或票據，如是流動資產和流動負債同時降低，流動比率隨而提高。其他如催收顧客所欠帳款及延緩進貨，亦可達同樣目的。例如某一公司年終結帳時運用上述方法將流動資產與流動負債同樣減少 100,000 元，則其流動比率變動如下：

	原本的金額	流動資產及流動負債同減 100,000 元後
流動資產	$600,000	$500,000
流動負債	300,000	200,000
流動比率	2：1	2.5：1

為求瞭解流動比率有無虛飾情形，最好就企業各月或各季資產負債表計算其流動比率並予以比較。

(四)流動比率用以衡量短期償債能力之理由

1. 流動比率可以顯示一企業以流動資產抵償流動負債的程度。就其相對的關係而言，凡流動比率越高者，表示以流動資產抵償流動負債的程度愈大，則流動負債獲得清償的機會也愈高。
2. 凡流動比率超高 100% 的部份，可提供一項緩衝的作用；蓋於現金以外的流動資產變現時，可能會發生若干數額的變現損失，必將侵蝕流動資產。因此，如流動比率超過 100% 的部份愈大，則對債權人的保障程度也愈高。
3. 流動比率可指出一企業所擁有的營運資金與短期債務的比率關係，可顯示該企業應付任何不確定因素衝擊的能力；此項不確定因素的衝擊，隨時均有發生可能，例如天災人禍所造成的意外損失、罷工損失、資產貶值，以及市場競爭壓力等，如一旦發生，將使企業遭受重大的損失。
4. 此外，流動比率由於觀念清晰、計算簡單，而且資料比較容易獲得，故早已成為金融機關、債權人及潛在的投資者衡量一企業短期償債能力的重要工具。

(五)流動比率運用的限制

1. 流動比率僅表示一企業在某特定時點可用資源的靜止（Static）狀態與存量（Stock）的觀念，此項靜止狀態的淨資金與未來資金流量，兩者並無必然的因果關係。又流動比率僅顯示在未來短期內，資金流入與流出的可能途徑，而此項資金流量仍然受銷貨、利潤及經營情況等諸因素的影響；惟這些因素在計算流動比率時，均未予考慮。
2. 存貨為未來短期內現金流入量的重要來源之一，惟一般企業均按成本或成本與市價孰低法評估存貨的價值，並據以計算流動比率。事實上，經由存貨而產生的未來短期內現金流入量，除存貨成本以外，尚包括銷貨毛利在內；然而一般人於計算流動比率時，並未將毛利因素予以考慮在內。
3. 一企業的應收帳款，係來自銷貨，而應收帳款的多寡，往往又受銷貨條件及信用政策等因素的影響。就一般情形而言，除非企業辦理清算，否則舊的應收帳款收回，隨即又發生新的應收帳款。因此，如將應收帳款的多寡視為未來現金流入量的指標，而未考慮企業的銷貨條件、信用政策及其他有關因素時，難免會發生偏差。

4. 在一個重視財務管理的企業中，持有現金（包括等值現金）之目的，在於防範現金流入不足以支付現金流出所引起的現金短缺現象。例如當銷貨減少時，來自銷貨收入的現金流入量，將少於支付進貨或各項費用的現金流出量，此時必須仰賴所持有的現金以支應其不足。惟現金非屬獲利性資產，因此，一般企業均儘量減少現金的數額，遂使現金餘額無法維持應有的水準。事實上，有很多企業均於現金短缺時，轉向金融機構借款，而此項未來資金融通的數額，並未包括於流動比率的計算公式內。

二、速動比率

(一)速動比率之意義及功用

速動比率（Quick Ratio）或酸性測驗比率（Acid Test Ratio），是指速變流動資產（Quick Current Assets）對流動負債的比率而言。此一比率，是測試每一元流動負債，有幾元速動資產為清償的後盾。所謂速變流動資產又稱速動資產（Quick Assets），或稱為速變資產，是指現金、銀行存款、應收票據、應收帳款和公平價值變動列入損益之金融資產等而言，但不包括存貨在內，其中變為現金以供償債的速率最快，可供緊急償債之用、測試緊急清償短期負債的能力及流動資本的地位。速動比率，能夠達到 1：1 的比率就可以稱是適合，在流動比率超過 2：1 的比率情形下，如果速變流資產總額等於或大於流動負債，就可以判斷這是一種良好的財務狀況；如果速變流動資產小於流動負債，則對於短期負債的償債能力就成問題，當然這並不是良好的財務狀況。

(二)速動比率之組成

速動比率的計算方法，是速動資產／流動負債，例如某一公司的速動資產是 $87,000，流動負債是 $25,700，則該公司的速動比率為：

$$\frac{速動資產}{流動負債}=\frac{87,000}{25,700}=338\%$$

二者的比率是表示每一元的流動負債，有幾元的速動資產可以清償。例如，某一公司速動比率是 338%，就是 3.38：1，換句話說，速動資產是 3.38，而流動負債是 1，這也就是說，速變流動資產有 $3.38 可以償還 $1.00 的流動負債。

三、現金比率

(一)現金比率之意義及功用

流動性最快的流動資產當然是現金，因為現金本來就是流動性的衡量標準。緊跟在現金之後的流動資產就是公平價值變動列入損益之金融資產。它通常具備高度的變現能力，而且也是現金短期的安全儲存處。事實上，這種投資被認為是「現金等值」，而且通常還能賺取一些適度的報酬。現金比率是將現金與現金等值兩者與流動資產合計相比，其目的是用來衡量這群資產的流動性程度。

(二)現金比率之組成

現金比率之計算式如下：

（約當現金＋變現性高的金融資產）／流動負債

這比率愈高，則這群流動資產的流動性愈強。其次，這比率愈高意謂著，現金與現金等值在清算時，其變現損失之風險愈小。同時也意謂著，這些資產轉換成現金時，實際上無需等待期間。

APB 第 18 號意見書規定權益證券投資，若佔投資公司權益之 20% 或以上時，應按權益法處理，此時投資之帳面價值當然不是成本亦非市價。然而這一類投資通常也不視為現金等值，但是若將該投資視為現金等值，則在計算流動比率時，其市價將是最適當的數字。

至於可自由運用之現金，分析者應該牢記，現金餘額的用途可能會受到某些限制，例如所謂的補償性存款，就是貸款銀行要求顧客將借款之一部分回存到銀行，不能動用。然而，就算這部分存款可以動用，分析者仍應評估公司在違反補償性存款協定時，對公司的信用等級、授信額度，及其與銀行關係之影響。

在評估現金比率時，尚須提到兩項有關的因素。其一為採用現代電腦化之現金管理方法，使得公司更有效率地運用現金，因此降低了一般營運所需的現金水準。另一者為開放式信用額度以及其他擔保信用協定已成為現金餘額有效的替代品，故亦應加以考慮。

四、應收帳款週轉率

(一)應收帳款週轉率之意義及功用

所謂企業經營，就把一切資金，投入於生產上必要的各種資產，藉以製造銷貨商品，獲取利益。資產週轉愈快，表示資金的使用愈具效率，本比率在測試投入應收款項內的資金，使用是否具效率；企業的放款政策，是否太過寬鬆；收帳能力，是否良好。其評估標準，視商業習慣上平均賒銷期限而定，週轉次數以較多為佳，每週轉一次所需天數以較短為宜。

應收帳款的週轉比率又稱為收款比率（Collective Ratio），是表示應收帳款在營業期間週轉的次數，藉以測驗企業的收款成效。通常企業發生賒銷商品的程序是：應收帳款→現金→商品→應收帳款，商品賒銷之後，一方是貸記銷貨收入，一方是借記應收帳款，這種應收帳款，也許可以收回，也許不能收回，欠款的期間愈長，則不能收回而發生壞帳的可能性愈大。如果這一比率增加，表示收款的成效良好；如果這一比率減少，則表示收款的成效不好。收款成效不好，則發生呆滯資金，不能使資金加以靈活運用，而增加企業的風險。

(二)應收帳款週轉率之組成

應收帳款週轉率計算的方法，是銷貨淨額／應收帳款。假設某公司銷貨淨額是 \$250,000，應收帳款 \$28,000（包括應收票據餘額 \$13,000，應收帳款餘

額 $15,000），二者的比率，是表示應收帳款在營業期間週轉的次數，藉以測驗企業的收款成效，根據上述的公式，該公司應收帳款的週轉率為：

$$\frac{\text{銷貨淨額}}{\text{應收帳款}}=\frac{250{,}000}{28{,}000}=893\%\text{（8.93 次）}$$

上述比率，意思是每銷貨 $8.93，就有 $1.00 的應收帳款尚未收回，另一方面，又表示應收帳款在營業期間週轉次數是 8.93 次。此一次數，要和平均收款期間（Average Collective Period）相比較，才可測試出收款的成效。

平均收款期間的計算方法，通常是：

$$\frac{\text{銷貨淨額}}{\text{全年日數}}=\frac{250{,}000}{365}=\$687\text{（每天淨銷貨金額）}$$

$$\frac{\text{應收帳款}}{\text{每天淨銷貨金額}}=\frac{28{,}000}{687}=40.8\text{ 天（平均收款期間）}$$

但也可以採用下列方法計算：

$$\frac{\text{應收帳款}}{\text{銷貨淨額}}\times 365=\text{平均收款期間}$$

$$\frac{28{,}000}{250{,}000}\times 365=40.8\text{ 天}$$

該公司平均收款期間為 40.8 天，假設當時一般信用期為 30 天，則超過 10.8 天；如果當時一般信用期為 60 天，則提早 19.2 天，前面一種情形是收款成效不好，後面一種情形是收款成效很好。應收帳款週轉率，往往受到市場商業循環的影響而左右其比率大小，一般來說，市場不景氣時，信用緊縮，貨物滯銷，應收帳款不斷增加，收款也較為困難。此時，應收帳款週轉率因而下降；市場繁榮時，信用擴張，貨物暢銷，應收帳款不斷減少，收款也較為容易，此時，應收帳款週轉率因而較高。這種客觀環境的影響，在分析應收帳款週轉率時，應特別加以注意。由於這項因素的影響，計算應收帳款週轉率時，如果以賒銷總額／應收帳款所得到的結論，也許更為正確。

五、存貨週轉率

(一)存貨週轉率之意義及功用

相同金額的存貨，如果週轉快，銷貨就多；週轉慢，銷貨就少。銷貨多則利潤多，銷貨少則利潤亦少；所以存貨週轉必求其快速，快速則投資報酬必較豐厚。本比率就在測試存貨週轉快慢，產銷效能是否良好，存貨是否過多。其評估標準，則視製造所需時間而定，較大為宜。

平均存貨的週轉比率（Turnover of Average Inventory Ratio），又稱為商品週轉比率（Merchandise Turnover Ratio），或稱為銷貨成本與平均存貨比率（Cost of Goods Sold to Average Inventory Ratio），也有稱為商品存貨週轉的次數，是用以測試營業期間商品存貨的銷售速度，藉以瞭解存貨控制的效能，如果此一比率高，表示商品銷售快速，對存貨的控制，發揮了高度效能；相反的，如果此一比率低，則表示商品銷售緩慢，對存貨的控制，沒有發揮效能。這項速度或週轉次數的測試，以全年平均存貨為基礎，或以一月底存貨額與十二月底存貨額相加，除以二所得到的商數，作為平均存貨。用這種方法所求得的商品週轉次數，是指全部商品的平均數，並不是指某一種商品而言，所以平均存貨週轉比率（即商品週轉次數），在商情分析中，是一個極重要的比率。

(二)存貨週轉率之組成

平均存貨週轉比率計算的方法，是銷貨成本／平均存貨，若某一公司銷貨成本是 $200,000，平均存貨假設是 $42,000，二者的比率，表示營業期間商品存貨銷售速度的快慢，藉以測驗存貨控制的效能，根據此公式，該公司平均存貨的週轉比率為：

$$\frac{\text{銷貨成本}}{\text{平均存貨}}=\frac{200{,}000}{42{,}000}=476\%\text{（4.76 次）}$$

上述比率，意思是每購入商品 \$4.76，就有存貨 \$1.00，也就是說，平均存貨的週轉率為 4.76 次，此一比率對買賣業來說，似乎稍嫌過低。

練習題

第一部分

(　) 1. 試根據下列資料，計算應收帳款之平均收帳期間（四捨五入計算至整數位為止）：

應收帳款餘額（1/1/2012）	$ 220,000
應收帳款餘額（12/31/2012）	$ 280,000
2003 全年之賒銷淨額	$1,500,000

(A)45 天　(B)61 天　(C)73 天　(D)75 天。

(　) 2. 若公司之流動資產為 $10,000,000，而流動負債為 $8,000,000，則其流動比率為：　(A)1.20：1　(B)1.25：1　(C)2：1　(D)80：1。

(　) 3. 財務報表之流動性分析，下列敘述何者錯誤？　(A)當一項流動負債減少、另一項流動負債增加同一金額時，並不會影響營運資金的金額，亦不影響流動比率　(B)當一企業之流動比率大於 1 時，若將「借記應付帳款」誤作「借記應收帳款」，將使流動比率提高　(C)若原有之速動比率大於 1，現金與應付帳款減少同一數額，則速動比率上升　(D)流動比率可用來衡量企業短期償債能力。

(　) 4. 流動比率 2.4，速動比率 1.8，其流動資產包括：現金、應收帳款、應收票據、存貨及預付費用。其中：現金 $210,000、存貨 $150,000、預付費用 $30,000，試計該公司流動資產為若干？　(A)$690,000　(B)$720,000　(C)$540,000　(D)$650,000。

(　) 5. 某公司流動比率為 2，速動比率為 1，以現金償還應收帳款，將導致：　(A)流動比率上升，速動比率下降　(B)流動比率上升，速動比率不變　(C)兩項比率均不變　(D)兩項比率均上升。

(　) 6. 銷貨 $200,000，銷貨成本 $140,000，銷貨退回 $40,000，進貨費用 $10,000，期初存貨 $30,000，存貨週轉率為：　(A)7 次　(B)7.5 次　(C)8 次　(D)10 次。

(　) 7. 假設一企業的流動比率為 1.15，請問下列何種方法可以增加它？　(A)以賒帳方式購買存貨　(B)以付現方式購買存貨　(C)該公司之客戶償還其應付帳款

(D)以發行長期負債所得之金額償還短期負債。

(　) 8. 下列何者較無法迅速直接用以鑑定企業短期償債能力：(A)負債比率 (B)流動比率 (C)速動比率 (D)淨速動資產。

(　) 9. 當速動資產以外的流動資產僅有存貨一項，且期末存貨為 $60,000，流動資產為 $100,000，流動負債為 $40,000，速動比率為：(A)0.25 (B)1.5 (C)1 (D)2.5。

(　) 10.忠孝公司民國 101 年的資產週轉率為 4 倍，當年度銷貨收入 $1,000,000。如果當年度淨利為 $80,000，請問該公司民國 101 年的資產報酬率為：(A)8% (B)32% (C)40% (D)80%。

(　) 11.台山公司部分損益表資料如下：

	100 年	101 年
銷貨收入	$3,210,000	$3,120,000
期初存貨	490,000	430,000
進　　貨	2,270,000	2,330,000
期末存貨	510,000	490,000

試根據上述資料計算台山公司 100 年的存貨週轉率？(A)4.39 次 (B)4.48 次 (C) 4.50 次 (D)4.60 次。

(　) 12.公司營運資金（Working Capital）之計算方式為何？(A)資產總額減負債總額 (B)負債總額加業主權益總額 (C)流動資產總額加流動負債總額 (D)流動資產總額減流動負債總額。

(　) 13.將次年度到期的長期負債 100 萬元轉列為短期負債，對公司之影響為：(A)總負債減少 (B)負債比率減少 (C)流動比率減少 (D)速動比率增加。

(　) 14.某公司本年度銷貨淨額為 $5,000,000，毛利率 20%，存貨期初、期末金額各為 $350,000 及 $450,000，則其存貨週轉率為：(A)8 次 (B)10 次 (C)12.5 次 (D)15 次。

(　) 15.某公司本年底資產負債表中流動資產包括現金 $100,000，銀行存款 $650,000，有價證券 $140,000，應收款項 $1,240,000，存貨 $270,000，預付費用 $80,000，流動付債有 $2,000,000，則速動比率為：(A)0.445 (B)1.065

(C)1.195 (D)1.235。

( ) 16.下列哪一組流動比率最佳： (A)1 比 4 (B)2 比 1 (C)1 比 3 (D)18 比 1。

( ) 17.一心公司之期初存貨為 \$200,000，銷貨成本為 \$600,000，銷貨為 \$900,000，期末存貨為 \$280,000，則存貨週轉率為？ (A)2.5 (B)3 (C)3.75 (D)4.5。

( ) 18.支付應付帳款將分別對「流動比率」及「速動比率」有何影響： (A)流動比率降低，速動比率降低 (B)流動比率降低，速動比率無影響 (C)流動比率無影響，速動比率無影響 (D)流動比率增加，速動比率增加。

( ) 19.下列何種比率可以幫助分析企業之短期償債能力？ (A)速動比率 (B)長期資金占固定資產比率 (C)應收款項週轉率 (D)每股盈餘。

( ) 20.甲公司流動資產 \$10,000，流動負債 \$5,000，存貨 \$2,000，應付帳款 \$1,000，則其速動比率為： (A)1.2 (B)1.5 (C)1.6 (D)1.7。

( ) 21.永安公司民國 100 年度存貨及有關科目如下，銷貨 \$6,000,000，銷貨成本 \$4,400,000，期初存貨 \$1,000,000，期末存貨 \$1,200,000，試問永安公司之存貨週轉率為多少？ (A)2 倍 (B)4 倍 (C)4.4 倍 (D)5 倍。

( ) 22.華英公司的財務報表有如下資料：

流動資產	
現金	\$ 4,000
短期投資	75,000
應收帳款	61,000
存貨	110,000
預付費用	30,000
流動資產總額	\$ 280,000

而流動負債總額為 \$100,000，則該公司之速動比率為： (A) 2.8 (B) 2.5 (C) 1.4 (D) 65。

( ) 23.淨值為正之企業，以現金出售固定資產產生損失，這將使負債比率及流動比率如何？ (A)使負債比率降低，流動比率提高 (B)使負債比率提高，流動比率提高 (C)負債比率不變，流動比率提高 (D)使負債比率降低，流動比率降低 (E)使負債比率提高，流動比率降低 (F)負債比率不變，流動比率降低。

(　) 24.其他情形不變，對於股東而言，下列財務比率中，何者是愈高愈佳？ (A)利息保障倍數比率 (B)流動比率 (C)速動比率 (D)權益比率 (E)股東權益報酬率 (F)以上皆是。

(　) 25.台北公司會計經理試算該公司之流動比率為 1.5，下列哪一交易會提升該公司之流動比率？ (A)賒購商品 (B)償還應付帳款 (C)收現應收帳款 (D)借入短期債款。

(　) 26.假設原流動比率＞1，以賒帳購進貨品，則： (A)增加流動比率 (B)減少流動比率 (C)對流動比率無影響 (D)減低毛利率。

(　) 27.如果公司已經將其應收帳款與存貨抵押貸款，則最能代表其短期流動性的指標為： (A)營運資金 (B)流動比率 (C)速動比率 (D)現金比率。

(　) 28.各項比率中，下列哪一項無法衡量企業之短期償債能力？ (A)資產報酬率 (B)存貨週轉率 (C)應收帳款週轉率 (D)流動比率。

(　) 29.甲戌公司報表之流動比率為 2：1，速動比率為 1：1，該公司如以現金預付保險費後，將使： (A)流動比率下降 (B)速動比率下降 (C)兩種比率均不變 (D)兩種比率都下降。

(　) 30.流動比率為 5，存貨佔流動資產的 1/2，預付費用為 $5,000，流動負債為 $10,000，則速動資產為？ (A)$15,000 (B)$20,000 (C)$25,000 (D)$30,000。

(　) 31.下列何者非短期償債能力之指標： (A)流動比率 (B)存貨週轉率 (C)負債比率 (D)流動性指標。

(　) 32.所得運用資金，又稱營運資金係指： (A)流動資產／流動負債 (B)流動資產－流動負債 (C)速動資產／流動負債 (D)速動資產－流動負債。

(　) 33.期初存貨 $200,000，期末存貨 $300,000，銷貨為 $2,000,000，毛利率為 25%，則存貨週轉次數為？ (A)10 次 (B)9 次 (C)8 次 (D)6 次。

(　) 34.復興公司流動比率為 3.5，酸性測試比率為 2.5，如果公司速動資產為 $80,000，則其流動資產為？ (A)$200,000 (B)$80,000 (C)$112,000 (D)$144,000。

(　) 35.萬龍公司期初存貨為 $30,000，期末存貨為 $40,000，銷貨收入為 $300,000，毛利率為 30%，銷貨運費為 $7,000，求存貨週轉次數為？ (A)6 次 (B)6.2 次 (C)6.14 次 (D)5.86 次。

(　) 36.在計算速動比率時通常不包括下列何者？ (A)現金 (B)應收帳款 (C)應付

帳款 (D)存貨。

( ) 37.期初存貨為 $60,000，期末存貨為 $80,000，銷貨為 $600,000，銷貨毛利率為 30%，則存貨週轉次數為？ (A)7.5 次 (B)6 次 (C)5.25 次 (D)7 次。

( ) 38.應收帳款週轉率愈高，表示企業： (A)存貨進出速度愈快 (B)賒銷比重愈大 (C)向顧客收取帳款的速度愈快 (D)向顧客收取帳款的天數愈長。

第二部份

1.雨悠公司的速動比率為 2，試指出下列交易對「流動比率」、「速動比率」、「營運資金」及「來自營運的現金」之影響。

(1)年底宣告現金股利，擬於半個月後發放。

(2)短期投資本期末市價回升。

(3)可轉換公司債轉換為普通股。

(4)賒購商品 $60,000，半數以現金售出，售價照成本加倍。

(5)某客户破產，致實際發生壞帳損失。

(6)以現金購入某未上市公司之股票作為投資。

(7)支付應付帳款獲得 2% 的現金折扣。

(8)收到長期投資的股票股利 5,000 股。

2.大白公司 101 年度部分財務資料如下：

流動比率	7.5
速動比率	3.75
存貨週轉率	4.32
應收帳款週轉率	11.25
營運資金	$260,000
期初存貨	$100,000
期初應收帳款	$70,000
毛利率	40%
稅率	25%
純益率	10%

試作：

⑴流動負債總額

⑵流動資產中各項目的金額（假定僅現金、應收帳款及存貨三項）

⑶編製101年度簡明損益表

3.長生公司99年度至101年之重要財務比率如下：

	101 年度	100 年度	99 年度
流動比率	194%	284%	272%
速動比率	135%	227%	182%
權益比率	60%	70%	69%
固定資產長期適合率	63%	43%	51%
應收帳款週轉率	5.88	5.96	6.39
存貨週轉率	3.48	4.03	3.02

試作：

⑴試分析該公司之短期償債能力、財務結構及經營能力。

⑵若欲進一步瞭解該公司之財務狀況，請另建議五項分析項目，並扼要說明其用途。

4.宏普公司的銷貨條件為3/10，n/30，顧客群中，有70%係在銷貨後之第十天取得折扣，另30%則是拖欠至最後期限才付款，該公司本年度之銷貨為$5,400,000（一年以360天計）。

試問：

⑴該公司平均收帳期間要多久？

⑵其平均應收帳款的投資額為多少？

5.吉安公司過去每年平均銷貨額為$15,000,000，其中變動成本估60%，固定成本總數為$2,800,000，該公司企畫部門為刺激銷貨，乃提議放寬信用政策，將平均收帳期間由原定之60天放寬為90天，並投注$300,000的廣告預算，預估此策略可增加$3,000,000的銷貨，但其中呆帳率估計為14%，收帳成本為銷貨金額之9%，吉安公司之資金成本為24%，若聘請你為財務顧問，試代為評估應否放寬信用政策？（假設該公司全為賒銷，且一年以360天計）

解答：

第一部份

1.	B	2.	B	3.	B	4.	B	5.	B
6.	A	7.	D	8.	A	9.	C	10.	B
11.	C	12.	D	13.	C	14.	B	15.	B
16.	B	17.	AC	18.	C	19.	A	20.	C
21.	B	22.	C	23.	E	24.	F	25.	B
26.	B	27.	D	28.	A	29.	B	30.	B
31.	C	32.	B	33.	D	34.	C	35.	A
36.	D	37.	B	38.	C				

第二部份

1.

	流動比率	速動比率	營運資金	來自營業的現金
(1)	↓	↓	↓	–
(2)	↑	↑	↑	–
(3)	–	–	–	–
(4)	↓	↓	↑	↑
(5)	–	–	–	–
(6)	↓	↓	↓	–
(7)	↑	↑	↑	↓
(8)	–	–	–	–

2.

(1)設大白公司之流動資產為 X，流動負債為 Y

$X/Y=7.5$

$X-Y=\$260,000$，則 $X=\$300,000$　$Y=\$40,000$

(2)速動資產＝$40,000×3.75＝$150,000→存貨＝$150,000

$$\frac{\text{銷貨成本}}{(\$100,000+\$150,000)/2}=4.32$$

→銷貨成本＝$540,000

→銷貨＝$540,000/(1－40%)＝$900,000

$$\frac{\$900,000}{(\$70,000+\text{應收帳款})/2}=11.25$$

→應收帳款＝$90,000

→現金＝$150,000－$90,000＝$60,000

(3)

大白公司 損益表 91 年度	
銷貨收入	$900,000
銷貨成本	(540,000)
銷貨毛利	$360,000
營業費用	(240,000)
稅前純益	$120,000
減：所得稅	(30,000)
本期純益	$90,000

3.

(1)就該公司短期償債能力而言

①流動比率由 272% 降低至 194%，有先升後降之趨勢，顯示其流動性有轉弱之現象。

②速動比率由 182% 降低至 135%，有先升後降之趨勢，其短期償債能力十分令人憂心。

③就流動比率與速動比率綜合分析，可看出存貨佔流動資產相當大之比重，且存貨週轉率亦表現不佳。因此，存貨是否積壓過多資金？是否滯銷？都是值得考慮之問題。

就該公司財務結構而言：

①權益比率由 69% 降低至 60%，有逐年下降之趨勢，顯示其自有資金所佔比例日益減少，可能係因大量舉債或發生虧損所致。

②固定資產長期適合率由 51% 上升至 63%，有先降後升之趨勢，顯示其在資金來源與用途的搭配上，有不當的現象，甚至可能有利用短期資金購置固定資產之情事。

就該公司經營能力而言：

①應收帳款週轉率由 6.39 次降低至 5.88 次，可能因銷貨收入逐年下降或應收

帳款逐年上升所致

②存貨週轉率由 3.02 次上升至 3.48 次，十分穩定，顯示該公司之銷售能力並無重大變化、尚屬正常

⑵建議再作以下分析：

分析項目	分析用途
1. 淨營運週期	測驗正常營業下回收現金之速度
2. 流動性指數	測驗流動資產之平均變現天數
3. 短期防禦比率	測驗速動資產支應經營支出之能力
4. 現金流量率	測驗來自營業現金支應流動負債之能力
5. 利息保障倍數	測驗還本付息之能力

4.

⑴70%*10＋30%*30＝16

⑵$\frac{\$5,400,000}{\text{平均應收帳款}}=\frac{360}{16}$ ∴平均應收帳款＝$240,000

5.

增額銷貨收入	$3,000,000
增支成本：	
變動成本	(1,800,000)
呆帳費用	(420,000)
收帳成本	(270,000)
資金成本	(288,000)
廣告費	(300,000)
淨損失	$(78,000)

第八章

長期償債能力及資本結構

企業借入資金後，就承擔了債務的本金和支付該期間應計利息的兩種義務。評估企業的償債能力，宜同時分析其還本能力和付息能力。償還債務的期間有長短之別，因而連帶地影響其償債能力。

舉借長期債款的理由很多，其中涉及財務槓桿的運用。財務槓桿就是運用企業資本結構中具有固定報酬的債務，藉以提高當年度淨利，增加普通股股東的報酬。因為任何債權人均不願在業主未提供權益資本作為安全保證以前貸放款項，所以財務槓桿又名運用權益舉債，亦即利用已存有的定額權益資本為舉債的基礎。

第一節

企業長期負債之性質及影響長期償債能力的要素

一、企業長期負債之性質

企業的長期負債多因購置機器、房屋及其他營業所需的設備而產生，償還期限在一年或一個營運週期以上，分次或一次償還，通常須提供擔保品。主要有銀行長期借款及公司債兩類，此外近年流行的資本租賃亦屬長期負債性質。

(一)銀行長期借款

銀行長期借款可向一家銀行借入，亦可由幾家銀行聯合貸放，其中一家為主辦行。銀行亦可僅提供保證，而由其他銀行貸出資金，企業向國外進口機器設備多採這種方式；即國外銀行為貸款銀行，而本國銀行為保證銀行，擔保品由保證銀行收受。利率多為浮動，如係國外借款，雖然利率固定，匯率風險仍難避免。

(二)公司債

公司債是向社會投資大眾借款的一種方式，只有股份有限公司的企業才能發行。因其借款對象不受限制，所以可籌集大量資金；又因其在證券市場公開買賣，易於轉讓，一般投資人亦樂於購買，如係可轉換為公司股票的公司債則更具吸引力。由於公司債利率固定，為因應市場利率的變動，公司債發行時可發生溢價或折價，之後的交易價格則隨市場利率及其他有關因素而起落。

(三)資本租賃

資本租賃實質上是將租賃物的所有權移轉給承租人的一種租賃方式，對承租人而言等於是分期付款購買，因此應於租賃開始時將各期租金給付額之現值同時以資產及負債列帳，這種負債也是長期負債的一種。

二、影響長期償債能力的要素

企業舉借長期負債的各種原因之中，最重要的首推利用財務槓桿的作用。然而舉債是一回事，償債又是另一回事。自債權人的立場而言，焦點自然在企業的長期償債能力，因而必須考慮影響該能力的要素。

影響長期償債能力的要素有五：

1. 長期的盈餘和獲利能力以及最可靠的財務力量，代表了在未來期間內能夠經常產生可用以支付本息的現金。
2. 資本資金的結構型態，或為永久的權益資本，或為長期的債務資本，型態不同，影響企業償付本息的能力。
3. 企業擁有不同類型的資產，給予企業不同程度的風險，因而影響債息的安全。
4. 貸款契約的規定條款和充作保證的抵押品。
5. 龐大的公司債務，導致了分析、評估債務方法的標準化。

第二節 觀察企業長期償債能力

一、從損益表觀點評估長期償債能力

從實務觀點來看，債務人如能按時支付利息，債信良好，債權人的風險就會比較小，並樂於再融資。此外，具有良好債信的公司容易借到較高的融資金

額，借款的利率也會較低，手續亦較簡單。因此，如欲瞭解企業在正常狀況下給付本息的來源是否充沛、可靠，須觀察共同基準之損益表，並從下列分析著手。

(一)利息保障倍數（Times Interest Earned）

又稱賺取利息倍數，係用以分析企業由營業活動所產生的盈餘支付利息的能力。適當之賺取利息倍數比率，係表示企業負擔利息債務的風險較低。若企業能按時支付利息，當債務到期時，由於企業債信良好，因此易於將本金部分再予以融資。事實上，企業可能無須清償本金部分，尤其是指企業所涵蓋之利息費用保持著良好的債信記錄。所謂良好的債信記錄，係指債務人能按時支付利息，具有良好債信的企業，易於借到相對於權益資金較高的融資額度，同時借款利率也較低。純益為利息倍數之分析，能直接衡量一企業從每期所獲得之純益，用以支付利息之倍數關係，作為判斷對外舉債是否適當的基準，賺取利息倍數比率的計算公式：

$$\frac{\text{剔除利息費用和所得稅費用的稅前息前本期損益}}{\text{利息費用（包含資本化利息）}}$$

1. 計算可供支付利息之純益

在計算可供支付利息的純益時，將面臨純益究竟應包括哪些因素的抉擇問題；在確定可供支付利息之純益範圍時，除一般淨利之外，尚須考慮下列各項因素：

(1)應扣除利息費用及所得稅前之淨利為準

在計算純益為利息之倍數關係時，應以扣除利息費用及所得稅前之淨利為準；蓋利息費用可抵減課稅所得。故對於一項稅後淨利，在計算純益為利息之倍數關係時，應將該項稅後淨利，加回利息及所得稅費用。至於股利之發放，與利息費用之性質迥然不同，故應以稅後淨利為發放基礎。

(2)特殊損益項目

根據美國會計師公會會計原則委員會第 9 號意見書之主張，應將特殊損益項目包括於損益表內，作為計算當期損益項目之一。因此，當計算可供支付利息之純益時，就一企業長期獲利能力觀點而言，應包括特殊損益項目在內。惟從損益表分析長期償債能力時，為衡量在正常情況下利息保障倍數，對於某一單獨年度之特殊損益項目，亦可略而不計。

(3)特別股股利

特別股股利不必從淨利中扣除；蓋法律對於特別股股利是否應予支付，並無強制之規定。然而，當一企業投資於附屬公司，期末又將附屬公司之淨利列入其合併報表時，則所列入合併報表內屬於附屬公司之淨利部分，應扣除附屬公司之特別股股利；其扣除之原因，在於特別股東對於股利之分配，具有優先於母公司之權利。

(4)少數股權

凡附屬於公司之盈餘被列報於母公司之合併報表時，其屬於少數股權之部分，應自合併報表之盈餘項下扣除後，始據以計算公司盈餘與利息之倍數關係。

2. 計算利息保障倍數所應包含的利息費用

當計算純益為利息之倍數關係時，利息費用通常應包含下列各項：

(1)長期負債之利息費用

長期負債之利息費用，應計算淨利與利息倍數關係之最直接且最明顯的因素。長期負債之利息費用，應包括約定利息及債券折價或溢價的攤銷在內。換言之，對於債券折價之攤銷，為利息費用之加項；反之，對於債券溢價之攤銷，則為利息費用之減項。

(2)已資本化之利息

在計算純益為利息費用之倍數關係時，對於利息費用，不僅以列報於當期損益表之部分為限，同時尚須包括當期已資本化（Capitalization）而包含於資產項目的部分。例如購買土地或建造房屋期間所負擔的利息費用，經資本化後而包含於土地或房屋成本之利息費用，在計算純益為利息費用之倍數關係時，必須予以加入利息費用內。

(3)未資本化長期租賃負債之隱含利息

根據美國會計師公會財務會計準則委員會第 13 號聲明書的主張，長期租賃負債應予認定並予資本化之會計處理方法，已成為普遍接受的公認會計原則。對於未資本化長期租賃負債之隱含利息，在計算利息保障倍數關係時，美國證券交易委員會認為應加入。

(4)其他

除上述各項利息費用外，凡其他因長期債務或承諾，例如長期進貨合約所產生有固定性質之利息費用，及所有可歸屬於當期負擔之已支付或應付而未付利息費用，均應包括在內。

(二)固定費用保障（Fixed Charge Coverage）

任何一企業，如無法按期支付固定的支出時，顯然已發生財務困難，甚至於導致破產之厄運；因此，為衡量一企業支付固定債務之能力，可將純益為利息倍數之觀念，予以擴大其應用範圍，使各項固定支出均包括在內，俾建立純益與各項固定支出之倍數關係。

淨利為固定費用倍數（Time Fixed Charge Earned 或名固定費用支應率 Fixed Charge Coverage）一詞，即由淨利為利息倍數衍化而來，固定費用的定義不一，有主張包括利息費用、資本化利息、租賃支出、折舊、耗竭、攤提者；有主張應進一步包括長期進貨合約（具有固定性質的長期承諾），為非合併子公司保證所支付的固定費用；有主張包括租賃義務下所隱含的利息、優先股股息者；又有主張包括合併子公司的優先股股息。由於財務報表分析中各種計算公式，並無統一規定，因此，使用本比率時，宜牢記下列兩點：

1. 列作固定費用的項目愈多，固定費用的倍數就愈保守。
2. 在和同業比較或作趨勢分析時，企業和同業之間或各年度間的計算方式必須一致，才能產生有意義的結果。

由於本比率的計算方式很多，此以美國證券交易委員會（Securities and Exchange Commission 簡稱 SEC）所訂定的盈利對固定費用比率，公式為：

$$盈利對固定費用比率=\frac{A+B+C+D+E+F-G+H}{I+C+D+E}$$

A = 繼續營業部門（continuing operations）的稅前淨利。

B = 淨利息費用（總利息費用減資本化利息）。

例如某公司的利息費用明細如下：

短期負債利息	$ 4.3
長期負債利息	49.7
公司債折價攤銷	3.0
資本租賃的利息部份	5.0
減：資本化利息	−13.0
	$ 49.0

C = 債務費用和折（溢）價的攤提（不論已否資本化）。

D = 營業租賃費用的利息部分：由於所有融資租賃均已資本化，故租賃中所隱含的利息早已列作利息費用。至於長期營業租賃，不符美國財務會計準則委員會第 13 號報告「租賃的會計處理（Accounting of Leases）」中有關資本租賃的標準，但仍具有財務交易的特徵，故其隱含的利息應予列入。

E = 企業握有過半數股權的子公司所需優先股股息，佔有分配予母公司盈餘前的優先股，含有固定費用的性質（但非固定費用，而且合併報表時應予沖抵）。這類股息，不可抵稅，故應作稅捐調整（費用＋所得稅款），俾可取得足夠支應的稅後淨利。調整公式為：定額優先股股息÷（100%－所得稅率）

F = 僅適用於非公用事業本期所攤提（如折舊）的以往資本化利息，但大多數情形下這類利息並不公開揭露於財務報表內。

G = 企業投資的股權小於 50% 的聯營機構（less than 50% owned affiliates）之未分配淨利或稱非合併子公司的權益盈利。

H = 子公司小股權的盈利。

I=利息費用（不論是否已資本化）。

上述公式，國內有些會計專家仍稱作淨利對利息的倍數，他們認為淨利包括 A、E、G、H；固定費用就是利息，包括 B、C、D、F、I。

二、從資產負債表觀點評估長期償債能力

(一)負債比率（Debt Ratio）

負債比率可用於決定公司之長期償債能力。主要用來衡量企業總資產中由債權人所提供之資金百分比，評估企業資本結構之好壞，並協助債權人衡量本身債權之保障程度。假若債權人未能受到良好保障時，公司則不應發行額外的長期債務，就以公司長期償債能力的觀點來看，負債比率愈低對公司的情況愈有利。其計算公式為：

$$負債比率=\frac{負債總額}{資產總額}$$

例如某公司民國 99 年底至 101 年底之負債對總資產比率如下所示：

	99	100	101
負債總額	$1,597,862	$1,424,205	$1,289,585
資產總額	2,615,899	2,715,535	2,665,336
負債對總資產比率	61.08%	52.45%	48.38%

負債對總資產比率，可衡量在企業之總資產中，由債權人所提供的百分比究竟有若干。就債權人的立場而言，負債對總資產的比率愈小，表示股東權益的比率愈大，則企業的資力愈強，債權的保障也愈高。反之，如此項比率愈大，表示股東權益的比率愈小，則企業的資力愈弱，債權的保障也愈低。惟就投資人立場而言，則希望有較高的負債對總資產比率，蓋此項比率愈高，一則可擴大企業的獲利能力，二則以較少的投資，即可控制整個企業。如負債對總

資產的比率較高，當經濟景氣好時，由於財務槓桿作用，雖然可提高業主的利潤，但是經濟不景氣時，由於利息費用之不堪負荷，勢必遭受損失。

計算出來之負債比率應與同業平均作一比較。擁有穩定盈餘之企業較擁有週期性盈餘之企業能應付更多的債務。這種比較方式有時容易引起誤解，尤其是當某公司隱藏重大的資產項目，而他公司並沒有時。

(二)負債對股東權益比率（Debt/Equity Ratio）

另一決定企業長期償債能力之指標為負債對股東權益比率。其計算方法係以負債總額除以股東權益總額。該項比率亦能幫助債權人衡量本身債權之保障程度。就公司長期償債能力之觀點來看，負債對股東權益比率愈低時，對公司的債務情況愈有利。

在此將介紹較保守之負債對股東權益比率之計算方法。因為所有的負債及近似負債均列入負債內，且股東權益將因資產市值大於帳面價值之程度而被低估。這項比率亦應與同業平均及競爭者作一比較。負債對股東權益比率之計算方法如下：

$$負債對股東權益比率=\frac{負債總額}{股東權益}$$

例如某公司民國 99 年底至 101 年底之負債對股東權益比率如下所示：

	99	100	101
負債總額	1,597,862	1,424,205	1,289,585
股東權益總額	1,018,037	1,291,330	1,375,751
負債對股東權益比率	156.96%	110.29%	93.73%

負債對股東權益的比率，在衡量負債對股東權益的比例關係。對債權人而言，負債對股東權益的比率愈低，表示企業的長期償債能力愈強，則對債權人越有安全感；反之，如此項比率愈高，表示企業的長期償債能力愈弱，則對債權人將缺乏安全感。

上述該公司之 98 年之負債對股東權益的比率為 93.73%，表示每一元股東權益僅負擔 0.94 元的負債，證明該公司擁有充裕的財力，可提供償債之用，對債權人具有相當的保障。除了計算型態不同外，負債比率與負債對股東權益比率有著共同的目的並採用相同的負債總額。因此，若按此處所建議之方法計算時，這兩項比率即可交替使用。

如前所述，我們可以發現公司在計算這些比率時缺乏共同一致的標準。此問題在計算負債比率及負債對股東權益比率時，更顯棘手。唯一的解決方法是試圖瞭解同業競爭者或同業平均之比率是如何計算出來的，以便作合理的比較。事實上，欲合理比較這些比率可能不太容易，因為財務資料來源有時並未指出有那些負債列入計算中。

(三)負債對有形淨值比率（Debt to Tangible Net Worth Ratio）

由於無形資產之價值不穩定，故財務分析人員認為，應將各項無形資產從淨資產（即股東權益）中扣除，據以計算「負債對有形淨資產比率（Debt to Tangible Net Asset）」、或稱「負債對有形淨值比率（Debt to Tangible Net Worth）」。負債對有形淨值比率亦能決定一企業之長期償債能力。該比率亦能協助債權人衡量其債權之保障程度。就以公司長期償債能力之觀點而言，負債對有形淨值比率，如同負債比率及負債對股東權益比率，比率愈低越好。

負債對有形淨值比率較前述兩者之比率更為保守。它扣除了無形資產如商譽、商標、專利權及版權等部分，如此一來，將無法利用這些資源以償付債權人，該作法是一種非常保守的計算方法。負債對有形淨值比率之計算方法為：

$$負債對有形淨值比率=\frac{負債總額}{股東權益-無形資產}$$

例如某公司民國 96 年底至 97 年底之負債對有形淨值比率如下所示：

	96	97
負債總額	$325,383,902	$230,923,536
股東權益	$471,473,963	$439,648,180
減：無形資產	−	−
調整後之股東權益	$471,473,963	$439,648,180
負債對有形淨值比率	69.01%	52.52%

第三節

資本結構之比率分析

在本節中，將就資產、負債及股東權益各類別中所含之項目，予以比較與分析，藉以瞭解企業之資本結構是否健全，俾測試其財力之大小。以民國 101 年堂驥之資產負債表為例：

堂驥
資產負債表
民國 101 年 12 月 31 日　　　　單位：千元

資　產	金　額	百分比
流動資產		
現金及約當現金	138,208,360.00	25.56
公平價值變動列入損益之金融資產－流動	42,460.00	0.00
備供出售金融資產－流動	0.00	0.00
持有至到期日金融資產－流動	5,881,999.00	1.08
應收帳款淨額	5,135,848.00	0.95
應收帳款–關係人淨額	11,728,204.00	2.16
其他應收款–關係人	489,742.00	0.09
其他金融資產–流動	711,755.00	0.13
存貨	12,807,936.00	2.36
其他流動資產	4,843,175.00	0.89
流動資產	179,849,479.00	33.27
基金及投資		
備供出售金融資產－非流動	2,032,658.00	0.37
持有至到期日金融資產－非流動	11,761,325.00	2.17

以成本衡量之金融資產－非流動	519,502.00	0.09
採權益法之長期股權投資	109,871,178.00	20.32
基金及投資	124,184,663.00	22.97
固定資產		
房屋及建築	114,014,588.00	21.09
機器設備	635,008,261.00	117.47
辦公設備	9,748,869.00	1.08
固定資產成本合計	758,771,718.00	140.36
累積折舊	−557,247,254.00	−103.08
未完工程及預付設備款	17,758,038.00	3.28
固定資產淨額	219,282,502.00	40.56
無形資產		
商譽	1,567,756.00	0.29
其他無形資產	6,401,461.00	1.18
無形資產合計	7,969,217.00	1.47
其他資產		
存出保證金	2,719,737.00	0.50
遞延所得稅資產－非流動	6,497,972.00	1.20
其他資產－其他	55,677.00	0.01
其他資產合計	9,273,386.00	1.71
資產總計	540,559,247.00	100.00
負債及股東權益		
流動負債		
公平價值變動列入損益之金融負債－流動	83,618.00	0.01
應付帳款	4,314,265.00	0.79
應付帳款–關係人	1,202,350.00	0.22
應付所得稅	9,222,811.00	1.07
應付費用	7,553,475.00	1.39
其他應付款項	22,722,948.00	4.20
一年或一營業週期內到期長期負債	8,000,000.00	1.47
流動負債合計	53,099,467.00	9.82
長期負債		
應付公司債	4,500,000.00	0.83
長期應付票據及款項	931,252.00	0.17
長期負債合計	5,431,252.00	1.00

項目	金額	%
其他負債		
退休金準備／應計退休金負債	3,710,009.00	0.68
存入保證金	1,479,152.00	0.27
其他負債–其他	462,256.00	0.08
其他負債合計	5,651,417.00	1.04
負債總計	64,182,136.00	11.87
股東權益		
普通股股本	256,254,373.00	47.40
資本公積	49,875,255.00	9.22
保留盈餘		
法定盈餘公積	67,324,393.00	12.45
特別盈餘公積	391,857.00	0.07
未提撥保留盈餘	102,337,417.00	18.93
保留盈餘合計	170,053,667.00	31.45
股東權益其他調整項目		
累積換算調整數	481,158.00	0.08
金融商品之未實現損益	−287,342.00	−0.05
股東權益其他調整項目合計	193,816.00	0.03
庫藏股票	0.00	0.00
股東權益總計	476,377,111.00	88.12

一般常用之資本結構項目別比率分析，約有下列各項：

(一)流動資產對總資產比率（Current Assets to Total Assets）

顯示資本結構中資金配置於流動資產的情形，又稱流動資產比率。公式為：

$$\frac{流動資產}{總資產}=\frac{179,849,479}{540,559,247}=33.27\%$$

(二)固定資產對總資產比率（Fixed Assets to Total Assets）

顯示資金配置於固定資產的情形，又稱為固定資產比率。公式為：

$$\frac{\text{固定資產}}{\text{總資產}}=\frac{219,282,502}{540,559,247}=40.57\%$$

(三)長期負債對總資產比率(Long-Term Liabilities to Shareholders' Equity Plus Debts)

按照最新的觀念，資產負債表負債總額中除流動負債以外一切負債都是長期的；又在負債加業主權益等於資產的會計方程式架構下，本比率可稱長期負債對總資產比率，簡稱長期負債率。用以表示企業的長期負債在全部資本結構中的比重，本比率愈小，企業借助外債的程度愈低，資本結構就愈穩固。公式為：

$$\frac{\text{長期負債}}{\text{總資產}}=\frac{5,431,252+5,651,417}{540,559,247}=2.05\%$$

(四)長期負債對權益資本的比率(Long-Term Debt to Equity Capital)

分子為流動負債以外的一切債務，分母為股東權益，長期負債對權益之比，如果超過了 1：1，長期負債的比重就可能太高。公式為：

$$\frac{\text{長期負債}}{\text{股東權益}}=\frac{5,431,252+5,651,417}{476,377,111}=2.33\%$$

(五)負債對總資產比率(Debt to Total Assets)

本比率簡稱負債比率(Debt Ratio)，顯示總資產中債權人所提供資金的比重，以及一旦企業週轉不靈、債權人所受的保障情形。公式為：

$$\frac{\text{總負債}}{\text{總資產}}=\frac{64,182,136}{540,559,247}=11.87\%$$

(六)流動資產對總負債比率（Current Assets to Total Debts）

用以衡量企業在不變賣固定資產的情況下償還債務的能力。一般企業固定資產的變現性較低，而且變賣時常發生損失，所以本比率的計算十分重要。如比值小，則債權人（尤其是短期債權人）的債權安全性勢必降低。公式為：

$$\frac{\text{流動資產}}{\text{負債總額}}=\frac{179{,}849{,}479}{64{,}182{,}136}=2.80$$

(七)流動負債對總負債比率（Current Liabilities to Total Debts）

顯示企業仰賴銀行或短期債權人融資的程度以及流動負債在總負債中的比重。公式為：

$$\frac{\text{流動負債}}{\text{負債總額}}=\frac{53{,}099{,}467}{64{,}182{,}136}=0.83$$

(八)股東權益對固定資產比率（Equity to Fixed Assets）

表示股東權益和固定資產淨額間的關係。公式為：

$$\frac{\text{股東權益}}{\text{固定資產淨額}}=\frac{476{,}377{,}111}{219{,}285{,}502}=2.17$$

(九)長期資金適合率

表示長期資金佔固定資產的比例，以闡述固定資產中長期資金來源。

$$\frac{\text{股東權益}+\text{長期負債}}{\text{固定資產}}=\frac{411111132+22138446}{218909371}=1.98$$

(十)固定比率

表示固定資產與自有資金之關係，以闡述企業之財務狀況。此比率越大，表示企業以自有資金購置固定資產之比重愈小；用於短期週轉之資金亦愈少。

$$\frac{\text{固定資產}}{\text{股東權益}}=\frac{218909371}{411111132}=0.53$$

練習題

第一部分

( ) 1.下列何者為「利息保障倍數」之正確計算方式？ (A)淨利÷利息費用 (B)稅前淨利÷利息費用 (C)息前淨利÷利息費用 (D)息前稅前淨利÷利息費用。

( ) 2. 普通股股東之權益報酬率之計算公式為？ (A)毛利除以平均普通股股東權益 (B)營業淨利除以普通股股東權益 (C)淨利除以平均普通股股東權益 (D)平均普通股股東權益除以淨利。

( ) 3. 重慶公司 93 年度損益表帳列稅後淨利為 \$140,000，利息費用為 \$50,000，假設重慶公司之所得稅稅率為 30%，試問 93 年之利息保障倍數為？ (A)4 倍 (B)5 倍 (C)3.8 倍 (D)2.8 倍。

( ) 4. 下列哪一個財務比率對投資人最重要： (A)每股盈餘 (B)權益報酬率 (C)流動比率 (D)存貨週轉率。

( ) 5. 負債比率的主要目的係評估： (A)短期清算能力 (B)債權人長期風險 (C)獲利能力 (D)投資報酬率。

( ) 6. 以下何者可瞭解企業自有資金的比例？ (A)權益比率 (B)債務比率 (C)債務對權益的比率 (D)以上皆可。

( ) 7. 下列何者不會造成利息保障倍數下降？ (A)應付債券上升而營運收入不變 (B)利率上升 (C)特別股股利上升 (D)銷貨成本提高而利息費用不變。

( ) 8. 槓桿與企業舉債及使用固定成本的程度有關，因而影響企業的資本及成本結構，若銷售額維持不變時，營運槓桿程度將因固定成本的增加而： (A)變小 (B)變大 (C)不變 (D)不一定。

( ) 9. 油灣公司的本益比為 20，市價淨值比為 1.6，則其股東權益報酬率約為 (A)0.05 (B)32% (C)0.08 (D)12.5%。

( ) 10.財務報表分析的目的為： (A)分析企業的經營及獲利能力 (B)分析企業的短期償債能力 (C)分析企業的長期償債能力 (D)以上皆是。

( ) 11.丙公司之損益表如下所示：

減除利息前之純益	$900,000
減：利息費用	(300,000)
餘額	$600,000
減：所得稅費用（稅率 40%）	(240,000)
稅後淨利	$360,000

則利息保障倍數為：　(A)6.00　(B)1.20　(C)2.00　(D)3.00。

第二部分：

1.富邦公司民國 91 年度損益資料如下：

收入：		
銷貨淨額		$8,950,000
投資子公司利益未予合併之部分		50,000
成本及費用：		
銷貨成本		(7,414,800)
銷管費用		(325,200)
折舊費用		(120,000)
利息費用		(140,000)
稅前純益		$1,000,000
減：所得稅費用－當期	$200,000	
－遞延	30,000	(230,000)
本期純益		$770,000

其他補充資料：

A. 銷管費用中包括租金費用 $160,000，其中未予資本化之租賃隱含利息 $60,000。

B. 利息費用：

一般利息費用	$120,000
債券折價攤銷為利息費用之部分	10,000
已經資本化之租金屬於利息之部分	10,000
合計	$140,000

C. 該公司每年須提撥 $60,000 之償債基金

D. 所得稅稅率 40%，特別股股利每年 $150,000

試作：

(1)純益為利息之倍數

(2)純益為利息及特別股股利之倍數

(3)純益為固定支出之倍數

(4)純益為固定支出及特別股股利之倍數

2.假設寶島公司速動比率為 1.5、固定資產比率為 1.6、負債比率為 60%、長期資金適合率為 1.7。試說明下列交易對寶島公司之「速動比率」、「固定比率」、「負債比率」及「長期資金適合率」之影響。

(1)賒購存貨 $100,000

(2)出售帳面價值 $200,000 的機器，取得現金 $230,000

(3)受贈土地 $2,000,000

(4)以面值發行五年期公司債 $300,000

(5)沖銷應收帳款 $10,000

(6)長期負債 $100,000 即將在一年內到期

(7)發行 $500,000 的股票交換土地

(8)帳面價值 $380,000 之廠房遭火焚毀，並發生善後費用 $50,000

3.中興、中華、國際三家票券公司 91 年度之有關資料如下：

	中興票券	中華票券	國際票券
資產總額	$2,000,000	$1,000,000	$3,000,000
應付公司債	—	300,000	1,500,000
有效利率	—	12%	5%
營業淨利	200,000	100,000	270,000
營業淨利對總資產之比率	10%	10%	9%

已知中興公司無任何負債，中華、國際兩公司除應付公司債外亦無其他債務。

另假定三家公司之所得稅稅率均為 20%。

試計算上述三家公司之財務槓桿指數及財務槓桿因數。

4.下列為福華公司 91/12/31 之部分財務資料：

普通股，面值 $10，發行並流通在外 50,000 股，每股按 $12 發行。

股東權益總額	$1,000,000
總資產週轉率	3 次
存貨週轉率	6 次
平均收帳期間（一年以 360 天計）	30 天
毛利率	30%
負債對權益比（假設無長期負債）	1.2：1
酸性測試比率	0.8 倍

除流動資產外，該公司尚有固定資產。若資產負債表之數字即為平均金額，試編製福華公司 91/12/31 之簡明資產負債表。

5.雨晴公司民國 91 年度之損益表如下：

銷貨收入		$85,000
減：銷貨退回		(1,000)
銷貨淨額		$84,000
銷貨成本		(50,000)
銷貨毛利		$34,000
減：銷售費用	$10,680	
管理費用	7,800	
折舊費用	3,520	
租金費用	2,000	
利息費用	1,000	(25,000)
稅前純益		$9,000
減：所得稅（40%）		(3,600)
本期純益		$5,400

補充資料：

A. 已知特別股股本 $15,000，股利率 10%

B. 租金費用中包含未予資本化之租賃隱含利息 $500

C. 該公司曾與他公司簽訂 5 年期不可取消之進貨合約，每年金額為 $800

D. 該公司每年須提撥償債基金 $600

試計算：

⑴純益為利息之倍數

⑵純益為利息及特別股股利之倍數

⑶純益為固定支出之倍數

⑷純益為固定支出及特別股股利之倍數

解答：

第一部分

1.	D	2.	C	3.	B	4.	AB	5.	B
6.	D	7.	C	8.	B	9.	C	10.	D
11.	D								

第二部分

1.

⑴純益為利息之倍數 $=\dfrac{\$1,000,000+(\$140,000+\$60,000)}{\$140,000+\$60,000}=6$

⑵純益為利息及特別股股利之倍數 =

$$\frac{\$1,000,000+(\$140,000+\$60,000)}{(\$140,000+\$60,000)+\$150,000/(1-40\%)}=2.67$$

⑶純益為固定支出之倍數 $=\dfrac{\$1,000,000+(\$140,000+\$160,000)}{(\$140,000+\$160,000)+\$60,000/(1-40\%)}=3.25$

⑷純益為固定支出及特別股股利之倍數 =

$$\frac{\$1,000,000+(\$140,000+\$160,000)}{(\$140,000+\$160,000)+(\$60,000+\$150,000)/(1-40\%)}=2$$

2.

	速動比率	固定比率	負債比率	長期資金適合率
(1)	↓	–	↑	–
(2)	↑	↓	↓	↑
(3)	–	↓	↓	↓
(4)	↑	–	↑	↑
(5)	–	–	–	–
(6)	↓	–	–	↓
(7)	–	↓	↓	↓
(8)	↓	↓	↑	↑

3.

	中興票券	中華票券	國際票券
營業淨利	$200,000	$1,000,000	$270,000
減：利息費用	–	(36,000)	(75,000)
稅前純益	$200,000	$64,000	$195,000
減：所得稅	(40,000)	(12,800)	(39,000)
本期純益	$160,000	$51,200	$156,000
普通股權益報酬率	8%	7.31%	10.4%
總資產報酬率	8%	8%	7.2%
財務槓桿指數	1.00	0.91	1.44
財務槓桿因數	0	-0.69%	3.2%

4.

福華公司
資產負債表
91/12/31

資產		負債	
流動資產：		流動負債	$1,200,000
現金及短期投資	$410,000	股東權益：	
應收帳款淨額	550,000	普通股股本	500,000
存貨	770,000	資本公積	100,000
固定資產淨額	470,000	保留盈餘	400,000
資產總額	$2,200,000	負債及股東權益總計	$2,200,000

5.

(1)純益為利息之倍數$=\frac{\$9,000+(\$1,000+\$500)}{\$1000+\$500}=7$

(2)純益為利息及特別股股利之倍數$=\frac{\$9,000+(\$1,000+\$500)}{(\$1,000+\$500)+\$1,500/(1-40\%)}=2.625$

(3)純益為固定支出之倍數$=\frac{\$9,000+(\$2,000+\$1,000+\$800)}{(\$2,000+\$1,000+\$800)+\$600/(1-40\%)}=2.67$

(4)純益為固定支出及特別股股利之倍數＝

$$\frac{\$9,000+(\$2,000+\$1,000+\$800)}{(\$2,000+\$1,000+\$800)+(\$600+\$1,500)/(1-40\%)}=1.75$$

第九章

投資報酬率與資產運用效率分析

企業經營的主要目的在追求利潤，而如何看出企業所投入的資本，是否有獲得合理的報酬，可藉由評估企業之投資報酬率來分析。另一方面，企業在有效運用各項資源後，才能創造出利潤，而銷貨或營業收入是企業獲得利潤的主要來源，藉由分析收入與各項資源的比率關係來評估企業運用各項資源的效率，即所謂的資產運用效率分析。投資報酬率與資產運用效率分析是以收益或利潤與資產負債表中若干項目之關係來做分析。最後會討論到獲利能力分析，是藉著分析損益表上其他項目間之關係，來瞭解企業產生利潤的能力。

第一節　投資報酬率

投資報酬率是衡量一企業所投入之資本獲得多少報酬或利潤，可看出經營績效與獲利能力，而報酬之高低通常與風險之大小成正向關係，即高報酬、高風險；低報酬、低風險，投資者須在風險與報酬之間做取捨。而高報酬、高風險的公司如一些科技產業的公司；低報酬、低風險的公司像是便利商店如統一、全家或是傳統產業如中鋼等，每年有穩定配發股利。

投資報酬率之一般公式如下：

$$\frac{\text{報酬（淨利）}}{\text{投資}}$$

上述之投資可分別從總資產、長期資金及權益投資之角度分析，以下分三種列為計算之分母所產生不同涵義之投資報酬率。

一、總資產報酬率

總資產報酬率是指企業每一元的資產所獲得之利潤，顯示是否能有效運用資產，使其獲得合理報酬。公式如下：

$$總資產報酬率=\frac{稅前淨利+利息費用}{平均總資產}$$

上式由於購買總資產的資金來源是來自股東與債權人，因此分子之報酬應包括債權人所獲得之報酬，故將債權人獲得之利息費用加回較為合理。另一方面也有使用稅後淨利的觀點來計算，需把利息費用改為稅後金額，是將所得稅影響後之結果一併考慮，公式如下：

$$總資產報酬率=\frac{〔稅後淨利+利息費用（1-所得稅率）〕}{平均總資產}$$

使用合併報表時，還需考慮「非控制權益淨利」，因為非控制權益淨利在合併損益表中視為費用，而合併資產負債表中之總資產包含了子公司的全部資產，在計算時需加回。公式如下：

$$總資產報酬率=\frac{〔稅後淨利+利息費用（1-所得稅率）+非控制權益淨利〕}{平均總資產}$$

二、長期資金報酬率

長期資金報酬率衡量企業運用長期資金所獲得之報酬，企業的長期資金是指長期負債與股東權益合計，此比率表達每投入一元之長期資金可獲得多少利潤，公式如下：

$$長期資金報酬率=\frac{〔稅後淨利+長期負債利息（1-所得稅率）+非控制權益淨利〕}{平均長期負債+平均股東權益}$$

分母之長期資金包含長期負債，其分子之報酬應包含債權人所獲的之報酬，所以加回長期負債之利息，因債券利息是稅前金額，需乘以稅率轉為稅後金額與稅後淨利相加。若將長期資金報酬率與總資產報酬率相比較可看出短期資金運用效率是否良好。

三、股東權益報酬率

股東權益報酬是衡量企業自有資本之經營報酬，也就是股東每投入一元可獲得多少利潤。公式如下：

$$股東權益報酬率=\frac{稅前淨利（稅後淨利）}{平均股東權益}$$

分子採稅前淨利或稅後淨利之觀點皆有人使用。將股東權益報酬率與總資產報酬率相比，可顯示借入之負債是否適當；若與長期資金報酬率相比，可進一步顯示長期債務舉借是否得當。另一方面，企業如果有發行特別股，則可求算屬於普通股股東權益報酬率。公式如下：

（稅後）

$$普通股股東權益報酬率=\frac{稅後淨利－特別股股利}{平均普通股股東權益}$$

（稅前）

$$普通股股東權益報酬率=\frac{稅前淨利－〔特別股股利÷（1－所得稅率）〕}{平均普通股股東權益}$$

由於特別股股利是屬於稅後盈餘之分配，在計算稅前普通股股東權益報酬率時，需將特別股股利除以（1－稅率）調回稅前金額。將普通股股東權益報酬率與股東權益報酬率相比可看出特別股之發行是否適當。

以上數種投資報酬率之判斷通常是報酬率愈高愈佳，總資產報酬率愈高顯示在一定額投資下報酬愈大，長期資金報酬率愈高顯示企業能有效運用長期資金，股東權益報酬率愈高顯示股東投資報酬愈大。

第二節

資產運用效率

企業購入各項資產，是希望對收入有貢獻，藉由判斷收入與各項資產之比例關係衡量企業運用各項資產之效率高低，以下將說明幾項評估企業資產運用效率常用指標：

一、固定資產週轉率

$$固定資產週轉率=\frac{營業收淨額}{平均固定資產}$$

固定資產週轉率是用來衡量企業運用固定資產之效率高低，固定資產週轉率高時，顯示企業有效運用固定資產，且固定資產相對於營業收入比例較小，提列之折舊費用相對也較低，使企業之損益兩平點降低，有較低之營運槓桿程度，形成經營上有利的因素；固定資產週轉率低時，表示企業之設備陳舊或過度投資，而且固定資產偏高，提列的折舊費用也較大，使企業之損益兩平點提高，有較高之營運槓桿程度。

理論上，固定資產屬於長期性質，且固定資產的增加常是一次或少次整批性的大量購買。營收則通常以一個會計期間為計算基礎。故固定資產週轉率宜長期觀察，僅憑單一年度週轉率判斷有欠允當。

二、總資產週轉率

$$總資產週轉率=\frac{營業收入淨額}{平均總資產}$$

總資產週轉率是衡量企業運用總資產之效率高低及資產對營業收入之貢獻程度，總資產週轉率高時，表示企業對資產能有效運用；總資產週轉率低時，顯示資產運用效率不佳，可能有過多之閒置資產，應考慮縮減總資產之投資規模。評估總資產週轉率宜搭配總資產結構分析，否則容易被總資產週轉率的單一數字表象誤導。

三、股東權益週轉率

$$股東權益週轉率=\frac{營業收入淨額}{平均股東權益}$$

股東權益週轉率是衡量企業不考慮外來資金下衡量自有資金之運用效率，即每一元之股東投資能產生多少營業收入。

四、營業收入對現金比率

$$營業收入對現金比率=\frac{營業收入淨額}{平均現金餘額}$$

此比率顯示企業運用現金效率之高低，也顯示目前持有之現金是否能應付營業上之需要，以維持正常之營運週轉。營業收入對現金比率過高，表示現金餘額可能有不足之情況，如果沒有其他資金可供應用，最後可能造成財務混亂，甚至造成企業之流動性危機；營業收入對現金比率若過低時，表示企業有過量的閒置資金，未有效運用現金創造利潤，現金運用效率不佳。此比率之判定可參考同業平均水準，以對持有現金餘額作一適當選擇。

如下表情況 B 之比率偏高，現金餘額低，當企業需要現金，卻沒有其他資金可供挪用時，會導致現金短缺、資金周轉不靈；情況 C 比率偏低，現金餘額過多，未有效運用。

	情況 A	情況 B	情況 C
營業收入	$1,000,000	$1,000,000	$1,000,000
平均現金餘額	$100,000	$10,000	$500,000
營業收入對現金比率	10	100	2

五、營業收入對應收帳款比率

$$營業收入對應收帳款比率=\frac{營業收入淨額}{平均應收帳款}$$

本比率用來衡量企業是否有過度擴張或緊縮信用之情形，進而評估企業的收款效率及客戶的償債能力。營業收入對應收帳款比率過高時，營收金額較大而應收帳款金額較小，採用賒銷之銷貨較少，顯示企業對信用之控制採保守之政策，採收縮信用之作法；營業收入對應收帳款比率過低時，企業銷貨大部分採用賒銷或客戶賒購尚未支付現金，顯企業過度擴張信用或帳款收現效率低或客戶償債能力不佳，此比率之比較可與同業平均水準相比，以看出其適當性。

通常企業對應收帳款有一定之收款條件期間，若以 10 日與 90 日之收款期間來相比（如下表），一般來說客戶會傾向於期限快到期時才支付款項，因此有 10 日收款條件之企業，相對地應收帳款較低，而 90 日收款之企業，相對應收帳款較高，在下表中採 10 日的收款條件比率較高，顯示企業對於客戶採緊縮信用政策，所以給予客戶之收款條件較嚴格；採 90 日之比率較低，給予的付款條件較寬鬆，然而此現象也有可能是收款效率不佳或客戶不付款，導致應收帳款增加的情況。

	10 日	90 日
營業收入	$1,000,000	$1,000,000
平均應收帳款	$100,000	$500,000
比率	10	2

六、營業收入對存貨比率

$$營業收入對存貨比率=\frac{營業收入淨額}{平均存貨}$$

本比率用來衡量企業是否維持適當之存貨數量及存貨週轉速度，觀察存貨是否有過度囤積或陳舊過時的現象。營業收入對存貨比率過高，顯示存貨不足，可能失去銷售機會而造成損失；營業收入對存貨比率過低，顯示存貨過多或過時，對銷貨預測過度樂觀，存貨週轉率緩慢，使得銷貨與存貨沒有維持平衡的關係。

七、營業收入對營運資金比率

$$營業收入對營運資金比率=\frac{營業收入淨額}{平均營運資金}$$

本比率用來衡量企業運用營運資金之效率，營運資金是指流動資產減流動負債後之金額，企業之流動資產可供短期變現使用，但尚需支付流動負債，剩下之餘額可供營業使用，因此稱為營運資金。營業收入對營運資金比率偏高，顯示企業運用較少之營運資金，而獲得較高之收入，運用效率較高，不過若比率過高時可能也顯示流動資產減流動負債之金額太小，導致營運資金不足的危機；營業收入對營運資金比率偏低，則顯示營運資金過多並且未有效運用之現象。

	情況 A	情況 B	情況 C
營業收入	$1,000,000	$1,000,000	$1,000,000
流動資產	$200,000	$170,000	$300,000
流動負債	$150,000	$150,000	$150,000
營運資金	$50,000	$20,000	$150,000
營收對營運資金比率	20	50	6.67

由上表情況 B 可看出，雖然營收對營運資金比率高可是營運資金偏低，可能會造成不足以應付營運上資金之需求；情況 C 之營收對營運資金比率偏低，有大量的營運資金閒置，顯示並未有效運用營運資金的結果。

之辰近三年資產運用效率比率

	101 年度	100 年度	99 年度
營業收入淨額	321,767,083	313,647,644	313,881,635
平均固定資產	226,923,530	231,399,959	221,190,496
平均總資產	546,165,935	562,678,764	540,562,360
平均股東權益	481,734,256	497,536,343	476,805,817
平均現金餘額	105,315,231	86,280,906	92,761,646
平均應收帳款	9,250,759	13,100,920	14,090,837
平均存貨	16,897,539	20,069,678	17,705,085
平均營運資金	128,624,244	140,634,666	158,074,429

	101 年度	100 年度	99 年度
固定資產週轉率	1.42	1.36	1.42
總資產週轉率	0.59	0.56	0.58
股東權益週轉率	0.67	0.63	0.66
營業收入對現金比率	3.56	3.64	3.38
營業收入對應收帳款比率	34.78	23.94	22.28
營業收入對存貨比率	19.04	15.63	17.73
營業收入對營運資金比率	2.50	2.23	1.99

第三節

投資報酬率分解式

一、總資產報酬率分析

$$總資產報酬率=\frac{稅後淨利}{平均總資產}$$
$$=\frac{稅後淨利}{營業收入淨額}\times\frac{營業收入淨額}{平均總資產}$$
$$=淨利率\times總資產週轉率$$

上述式子中之稅後淨利，應指〔稅後淨利＋利息費用（1－稅率）〕，若稅後利息費用沒有非常重大可忽略不計，否則須加計利息費用的稅後金額。總資產報酬率為淨利率與總資產週轉率之相乘，因此可進一步分析淨利率之構成要素，當中稅後淨利包含了收入、成本、費用，而總資產週轉率當中包含了固定資產、流動資產、長期投資及其他資產的要素，可再深入探討總資產報酬率之高低受到哪些因素影響。

之辰近三年總資產報酬率

	101 年度	100 年度	99 年度
稅後純益	99,933,168	109,177,093	127,009,731
平均總資產	546,165,935	562,678,764	540,562,360
總資產報酬率	18.30%	19.40%	23.50%
營業收入淨額	321,767,083	313,647,644	313,881,635
淨利率	31.06%	34.81%	40.46%
總資產週轉率	58.91%	55.74%	58.07%

二、股東權益報酬率分析

$$股東權益報酬率=\frac{稅後淨利}{平均股東權益}$$
$$=\frac{稅後淨利}{平均總資產}\times\frac{平均總資產}{平均股東權益}$$
$$=\frac{稅後淨利}{營業收入淨額}\times\frac{營業收入淨額}{平均總資產}\times\frac{平均總資產}{平均股東權益}$$
$$=淨利率\times總資產週轉率\times財務槓桿率$$

股東權益報酬率由淨利率、總資產週轉率及財務槓桿率組成，分別衡量一個企業的獲利能力、資產使用效率及資本結構，企業若想提高股東權益報酬率，可藉由提升總資產報酬率或利用財務槓桿效果使之提高。

之辰近三年股東權益報酬率

	101 年度	100 年度	99 年度
稅後純益	99,933,168	109,177,093	127,009,731
平均股東權益	481,734,256	497,536,343	476,805,817
股東權益報酬率	20.74%	21.94%	26.64%
淨利率	31.06%	34.81%	40.46%
總資產週轉率	58.91%	55.74%	58.07%
財務槓桿率	1.13	1.13	1.13

股東權益報酬率衍生的財報分析架構（杜邦分析）：

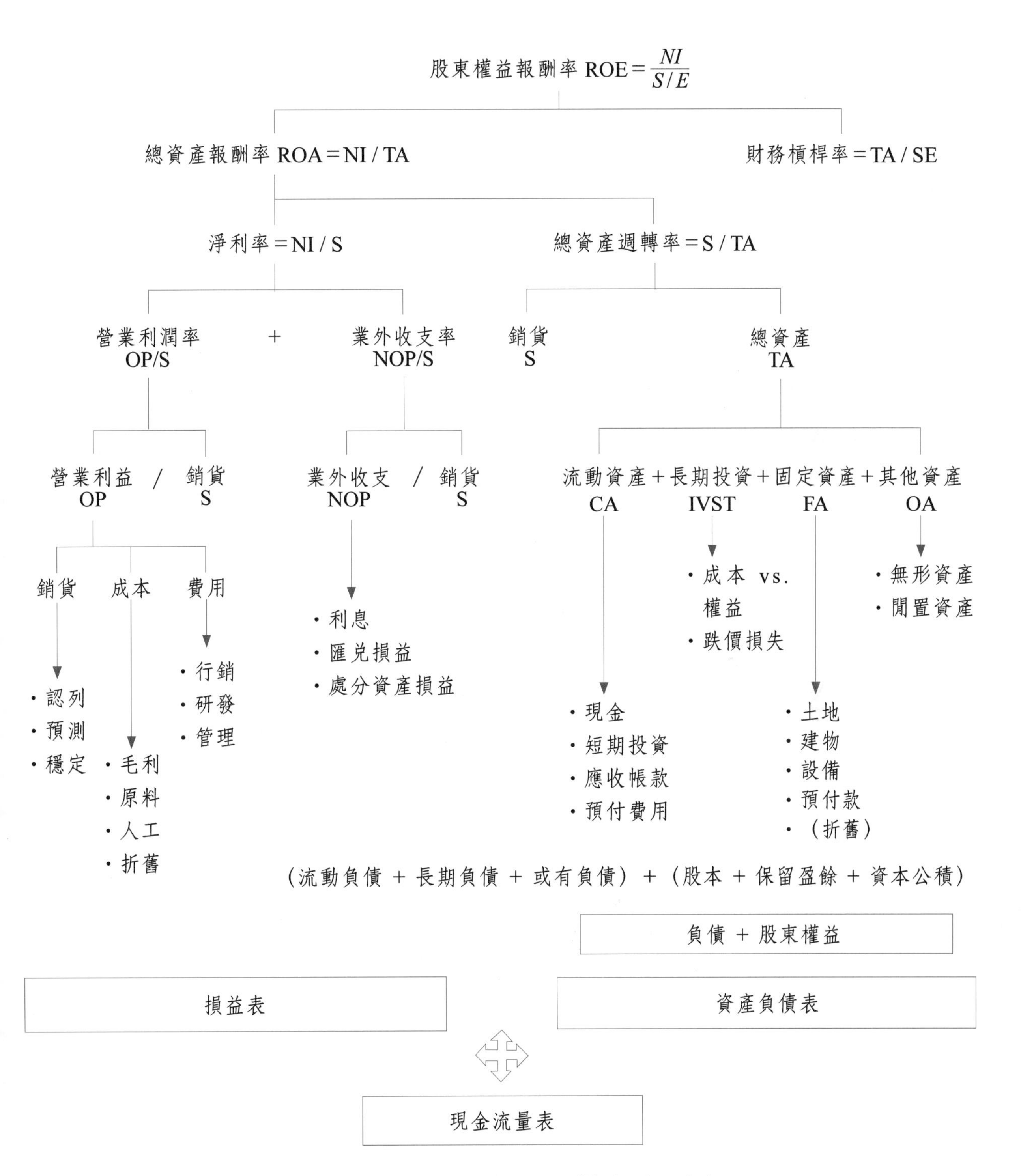

圖 9-1　股東權益報酬率衍生的財報分析架構（杜邦分析）

第四節

獲利能力分析

企業經營目的為獲取利潤，而損益表是表達企業在某一段期間的經營績效，由所獲得的盈餘可看出在償還資金提供者的報酬外，是否還能維持企業的繼續經營。獲利能力分析是藉由分析營業收入、營業成本、毛利變動及損益兩平等項目以瞭解企業繼續經營的價值與償債能力，可供作為預測未來盈餘的基礎或是作為衡量管理人員績效之依據，不論對於投資人或債權人，在企業的獲利能力分析上都是一項重要的決策基礎。

一、營業收入分析

(一)營業收入來源分析

在一家公司所提供的產品或服務有時不只一種，尤其針對多角化經營的企業，營業收入應按來源別分析，也就是將收入按照產品別、部門別或顧客別加以區分，用以顯示各類別佔總收入之比例。如下表以產品與部門別區分：由下表可看出收入主要來自 A 產品，而乙部門之銷售金額佔較大比率，來自乙部門之收入較多。

	甲部門		乙部門		合　計	
產　品	銷售金額	比　例	銷售金額	比　例	銷售金額	比　例
A 產品	50,000	45%	60,000	55%	110,000	61%
B 產品	30,000	43%	40,000	57%	70,000	39%
合　計	80,000	44%	100,000	56%	180,000	100%

(二)營業收入趨勢與穩定性分析

可藉由趨勢分析，觀察營業收入是否呈現成長或衰退，另一方面大環境的景氣好壞也會影響一企業的營業收入，分析時應將同時期經濟情況以及同業經營情形納入考量。營業收入之趨勢分析如下表，可看出營業收入有逐年上升的趨勢，不過 C 產品的營收卻呈現逐年下降的趨勢是值得較注意的一點。

	99		100		101	
產品別	金　額	基　期	金　額	比　例	金　額	比　例
A 產品	43,000	100%	41,000	95%	46,000	107%
B 產品	20,000	100%	24,000	120%	26,000	130%
C 產品	30,000	100%	29,000	97%	25,000	83%
營收合計	93,000	100%	94,000	101%	97,000	104%

二、銷貨成本與毛利分析

銷貨收入扣除銷貨成本為銷貨毛利，因此影響毛利的變化原因主要來自兩方面，分別是收入面與成本面之數量與價格的差異所造成，另外在多種產品上還有銷售組合的差異。

影響銷貨毛利變動的組成因素如下圖：

(一)方法一

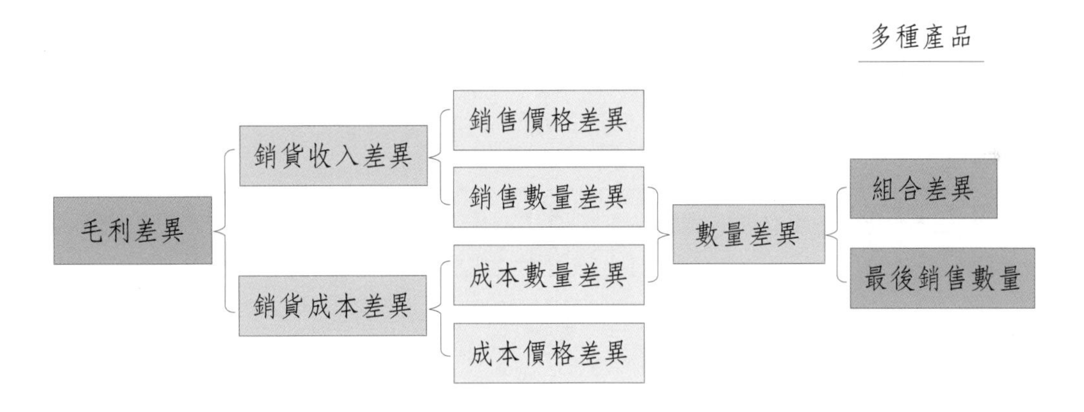

(二)方法二

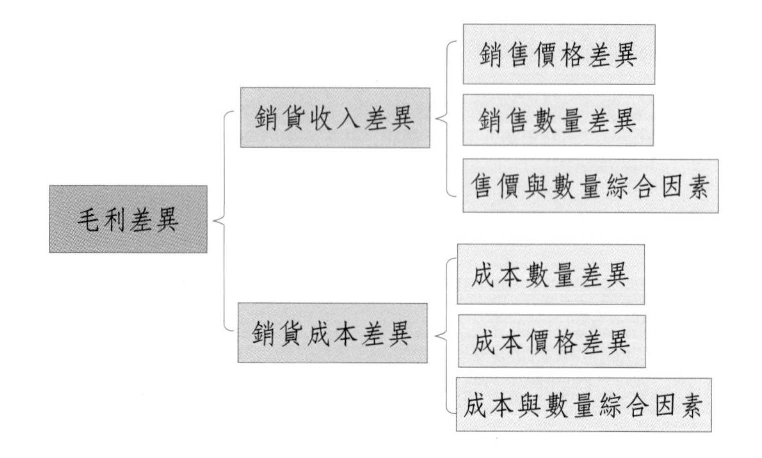

(三)釋例

	2012 年	2013 年
銷貨收入（百萬元）	650	693
銷貨成本（百萬元）	440	473
銷貨毛利（百萬元）	210	220
銷售數量（千件）	100	110
單位售價（千元）	6.5	6.3
單位成本（千元）	4.4	4.3
單位毛利（千元）	2.1	2.0

1. 銷貨收入差異分析：

銷售價格差異＝（去年數量）×（當年售價－去年售價）

$=100\times(6.3-6.5)=-20$（不利）

銷售數量差異＝（去年售價）×（當年數量－去年數量）

$=6.5\times(110-100)=65$（有利）

售價與數量綜合因素＝（當年售價－去年售價）×（當年數量－去年數量）

$=(6.3-6.5)\times(110-100)=-2$（不利）

差異加總＝(－20)＋65＋(－2)＝43（＝銷貨收入變動：693－650＝43）

2. 銷貨成本差異分析：

成本價格差異＝（去年數量）×（當年成本－去年成本）
＝100×(4.3－4.4)＝－10（不利）
成本數量差異＝（去年成本）×（當年數量－去年數量）
＝4.4×(110－100)＝44（有利）
成本與數量綜合因素＝（當年成本－去年成本）×（當年數量－去年數量）
＝(4.3－4.4)×(110－100)＝－1（不利）
差異加總＝(－10)＋44＋(－1)＝33（＝銷貨成本變動：473－440＝33）

3. 毛利差異＝銷貨收入差異－銷貨成本差異＝ 43－33＝10

三、營業費用分析

費用之分析工具通常有採垂直、水平、比率分析，可編製共同比損益表，顯示各項費用佔營業收入淨額之百分比，也可採用趨勢分析，針對各項費用之各年度變動趨勢做比較，也可採用下列數種重要比率做分析。

(一)營業費用比率

$$營業費用比率=\frac{營業費用}{營業收入}$$

衡量每一元營業收入中費用佔多少，顯示企業控制費用是否得宜。通常營業費用包含管理費用、銷售費用及研究發展費用，分析營業費用是否控制得當，又可從這三方面來加以探討。

$$1.\ 管理費用比率=\frac{管理費用}{營業收入}$$

管理費用較屬於固定性開銷，通常此比率是愈低愈好，可比較該公司各年度的比率或與一般同業水準相比。

$$2.\ 銷售費用比率=\frac{銷售費用}{營業收入}$$

銷售費用對於某些公司而言大多屬於佣金性質，其變動性較大，但是對某些公司也許是固定支出費用，也可能包含一些廣告等促銷費用。對銷售費用比率而言，此比率愈低雖可顯示該項支出效率愈高，但也可能是忽略了行銷上的努力。可比較各年度的銷售費用比率，以瞭解其變動情形。

$$3.\ 研究發展費用比率=\frac{研究發展費用}{營業收入}$$

研究發展費用比率雖然對當期獲利能力沒有明確的影響，可是對於未來經營成果之評估具有重大影響，但是所投入之支出卻又無法保證一定會有成果，針對此比率可比較不同期間之變化或與同業相比，判斷研究發展費用是否合理。

(二)營業比率

$$營業比率=\frac{銷貨成本+營業費用}{營業收入}$$

衡量營業收入當中營業支出佔多少比例，若營業比率過高，顯示成本與費用過高，相對的營業淨利較低，企業的獲利能力不佳，對於成本與費用之控管不當。

(三)折舊費用對固定資產比率

$$折舊費用對固定資產比率=\frac{折舊費用}{折舊性資產}$$

此比率可判斷企業固定資產之平均折舊率，進而評估所提列之折舊是否足夠，以及管理當局有無運用折舊費用來操縱盈餘的情形。

(四)利息費用比率

$$利息費用比率=\frac{利息費用}{營業收入}$$

可判斷企業之利息費用負擔是否過於沉重，若利息費用比率過高顯示企業賺得之收入大多拿來支應利息支出，相對的獲利能力也較低。另一方面，為評估企業債務舉借之資金成本是否合理，可用下列公式計算債務之利率是否恰當：

$$舉借債務平均利率=\frac{利息費用}{平均付息債務餘額}$$

可運用在比較不同期間或不同企業之資金成本，以判斷企業舉借債務之利率的合理性。

四、營業利益分析

(一)比率分析

1. 營業淨利率 $=\frac{\text{營業淨利}}{\text{營業收入}}$

顯示企業在主要營業活動中其獲利能力的表現，通常此比率愈高愈好，顯示企業在本業之經營績效良好及獲利能力高。

2. 稅前淨利率 $=\frac{\text{稅前淨利}}{\text{營業收入}}$

稅後純益率 $=\frac{\text{稅後純益}}{\text{營業收入}}$

上述兩個比率之稅前淨利與稅後純益之差別為所得稅費用，都是用來衡量企業之獲利能力與成本、費用之控管是否得宜。

(二)損益兩平分析

1. 方程式法

總收入等於總成本之銷售數量，也就是營業淨利＝0，方程式如下：

銷貨收入＝變動成本＋固定成本

售價×數量＝（每單位變動成本×數量）＋固定成本

售價×數量－（每單位變動成本×數量）＝固定成本

數量 $=\frac{\text{固定成本}}{(\text{售價}-\text{每單位變動成本})}$

2. 圖解法

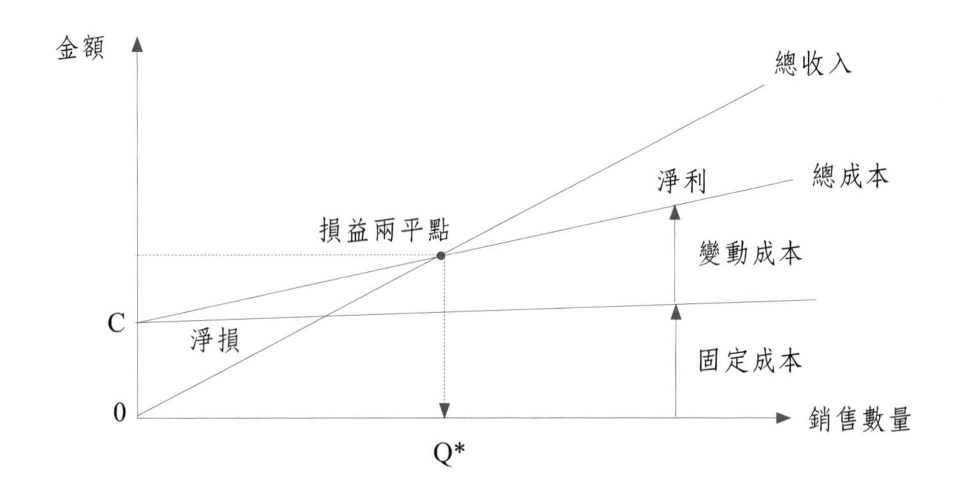

在損益兩平點時總收入等於總成本，因此在 Q* 的右方，收入大於成本才會有利潤，反之在 Q* 左方則產生損失。

3. 邊際貢獻法

邊際貢獻是指售價減變動成本，是指在回收固定成本後，還有多少是屬於營業利潤的部分，在第一式當中，損益兩平銷售量是指營業利潤等於零的情況下，因此分子是固定成本，也就是在僅回收固定成本的情況下，需要多少的銷售數量才能打平。在第二式當中，單位邊際貢獻率＝單位邊際貢獻金額/單位售價，指邊際貢獻佔售價的百分比，可求出損益兩平銷售金額，而非銷售數量。

$$\text{損益兩平銷售量} = \frac{\text{固定成本}}{\text{單位邊界貢獻金額}} \quad \text{（第一式）}$$

$$\text{損益兩平銷售金額} = \frac{\text{固定成本}}{\text{單位邊際貢獻率}} \quad \text{（第二式）}$$

4. 損益兩平分析的應用

安全邊際是指預計銷貨收入超過損益兩平點銷貨收入之部分，以數量表達時，則是預計銷售數量超過損益兩平點的銷售數量之部分。企業營業利潤不只是要回收固定成本，還要賺取額外的利潤才能維持企業繼續經營，因此在目標利潤下須達成多少的銷售額及數量對管理人員是一項重要的參考項目。

安全邊際＝實際銷售數量或金額－損益兩平之銷售數量或金額

$$安全邊際率=\frac{安全邊際}{實際銷貨量或金額}$$

$$目標利潤銷售量=\frac{(固定成本+目標利潤)}{單位邊際貢獻金額}$$

$$目標利潤銷售金額=\frac{(固定成本+目標利潤)}{邊際貢獻率}$$

釋例：東南公司 101 年度損益表資料如下：

項　目	金　額	百分比
銷貨收入（單位售價 $5）	60,000	100%
變動成本（單位變動成本 $3）	(36,000)	(60%)
邊際貢獻	24,000	40%
固定成本	(20,000)	(33%)
營業淨利	4,000	7%

(1)損益兩平銷售量＝20,000/2＝10,000 單位

(2)銷售金額＝20,000/[(5－3)/5]＝50,000 元

(3)安全邊際量＝(60,000/5)－10,000＝2,000 單位

(4)安全邊際量金額＝60,000－50,000＝10,000 元

(5)安全邊際率＝2,000/12,000＝16.66%（或 10,000/60,000＝16.66%）

(6)假設 101 年度利潤目標定為 5,000，則最少的銷售量

＝(20,000＋5,000)/2＝12,500 單位

練習題

第一部分

(　) 1. 公司 101 年度的銷貨淨額為 $500,000，當其淨利為 $120,000，平均資產為 $600,000，股東權益為 $400,000，則資產報酬率為？ (A)24% (B)20% (C)30% (D)8.33%。

(　) 2. 仁愛公司應收帳款週轉率 6，當年度平均應收帳款 40,000，平均總資產餘額 400,000，稅後為 100,000，則總資產報酬率為何？ (A)15% (B)18% (C)20% (D)25%。

(　) 3. 已知天祥公司 101 年度營業利益為 $35,000，利息費用 $15,000，平均股東權益 $300,000，淨利 $40,000，特別股股利 $10,000，請問該公司之總資產報酬率為何？ (A)5.71% (B)6.71% (C)4.71% (D)以上皆非。

(　) 4. 玉山公司發放去年宣告的現金股利，則： (A)資產報酬率不變 (B)股東權益報酬率不變 (C)長期資本報酬率增加 (D)權益成長率下降。

(　) 5. 企業希望提高其股東權益報酬率（ROE），以下哪一個方式為無效的？ (A)改善經營能力 (B)減少閒置產能 (C)改變資本結構 (D)以上皆有效。

(　) 6. 增加特別股股利對股東權益報酬率與權益成長率之影響分別為： (A)增加、減少 (B)不變、減少 (C)減少、不變 (D)不變、不變。

(　) 7. 新竹公司於 100 年底宣告股票股利 1,000,000 股（每股面值 $10），當時每股市價為 $40。該公司 100 年度淨利為 $24,000,000，宣告股票股利前之平均股東權益為 $180,000,000。該公司 100 年度之股東權益報酬率為： (A)12.63% (B)12.00% (C)13.33% (D)10.91%。

(　) 8. 白眉企業去年淨利只有 2,000 萬元，總資產報酬率是 2%，下列哪一種作法有助於提高其總資產報酬率？ (A)同時且等量提高銷貨收入與營業費用 (B)同時且等比率提高銷貨收入與營業費用 (C)同時且等量提高營運資產與營業費用 (D)同時且等比率降低營運資產與銷貨收入。

(　) 9. 下列有關總資產報酬率之敘述，何者不正確？ (A)分母為平均資產總額 (B)分子為淨利加利息費用 (C)為衡量獲利能力的指標之一 (D)為投資報酬率之一種。

(　) 10.下列何者對普通股東最為不利？ (A)舉債成本大於總資產報酬率且股東權

益比率高 (B)舉債成本大於總資產報酬率且負債比率高 (C)總資產報酬率大於舉債成本且負債比率高 (D)總資產報酬率大於舉債成本且股東權益比率高。

( ) 11.頭份公司本期稅後淨利為 \$300,000，其中利息費用為 \$50,000，所得稅率為 25%。假設期初與期末總資產分別為 \$4,000,000 與 \$4,600,000，則該公司本年度之總資產報酬率為？ (A)3.80% (B)7.85% (C)4.78% (D)3.32%。

( ) 12.指撥保留盈餘與發放股票股利對股東權益報酬率之影響分別為何？ (A)降低，降低 (B)不變，降低 (C)降低，不變 (D)不變，不變。

( ) 13.大眾公司今實施庫藏股制度，將原以 30,000 發行的普通股，以 40,000 買回，其目的在於減少資本，則 (A)資產報酬率下降 (B)股東權益報酬率不變 (C)長期資本報酬率增加 (D)以上皆非。

( ) 14.華隆公司 100 年度平均總資產 150,000，銷貨 60,000，其淨利 30,000，負債利息 1,000，稅率 25%，利息前純益率 10%，則該公司總資產報酬率為何？ (A)10% (B)4% (C)5.3% (D)以上皆非。

( ) 15.中小公司的資產報酬率為 8%，純益率為 4%，淨銷貨收入為 \$10,000，試問總資產為多少？ (A)\$500,000 (B)\$100,000 (C)\$5,000 (D)\$8,000。

( ) 16.要反映每一元資產所能創造的收入，我們應用： (A)營業利益率 (B)總資產週轉率 (C)總資產報酬率 (D)純益率。

( ) 17.宣告現金股利對總資產報酬率之影響為： (A)增加 (B)減少 (C)不變 (D)不一定。

( ) 18.若公司不使用任何負債，且利息費用等於 0，而全部資金完全來自普通股權益，則稅後資產報酬率與股東權益報酬率之關係為： (A)資產報酬率＞股東權益報酬率 (B)資產報酬率＜股東權益報酬率 (C)資產報酬率＝股東權益報酬率 (D)不確定。

( ) 19.下列事項中，何者不會影響當年度總資產報酬率？ (A)由短期銀行貸款取得現金 (B)發放股票股利 (C)發行股票取得現金 (D)宣告並發放現金股利。

( ) 20.某公司股東權益報酬率為 16%，下列何者將使該報酬率提高？ (A)普通股股利加倍發放 (B)以 12% 之成本貸款取得資金，並用於報酬 14% 之投資 (C)公司之本益比提高 (D)公司普通股之市價上漲。

(　) 21.股東權益報酬率小於總資產報酬率所代表之意義為：(A)財務槓桿作用為正　(B)資產投資之報酬小於資金成本　(C)負債比率低於權益比率　(D)固定資產投資過多。

(　) 22.下列有關資產報酬率之敘述，何者不正確？ (A)資產週轉率愈大，表示企業使用資產效率愈高　(B)評估資產週轉率時，須考慮行業特性　(C)資產報酬率亦可作為衡量獲利能力之補充指標　(D)資產報酬率係以營業收入淨額除以期末資產。

(　) 23.某公司之總資產報酬率較同業低，但淨利率較同業高，則該公司應以下列何種方式提高總資產報酬率？ (A)提高淨利率　(B)增加資產投資　(C)增加銷貨　(D)減少銷貨。

(　) 24.財務槓桿指數小於 1 時，負債比率提高將使股東權益報酬率如何變動？(A)提高　(B)降低　(C)不變　(D)不一定。

(　) 25.某公司 101 年之淨利率為 15%，總資產週轉率為 1.5，股東權益比率為 50%，則其 101 年股東權益報酬率約為多少？ (A)45%　(B)10.80%　(C)13.33%　(D)6%。

(　) 26.小寶公司的純益率上升，資產報酬率下降，可能原因是：(A)其總資產週轉率下降　(B)其毛利率下降　(C)其負債比率下降　(D)不可能會發生。

(　) 27.某公司資產總額 $4,000,000，負債總額 $1,000,000，平均利率 6%，若總資產報酬率為 12%，稅率為 40%，則股東權益報酬率為多少？ (A)10%　(B)12%　(C)15%　(D)14.8%。

(　) 28.下列何種情況將可能在淨利率上升時卻使資產報酬率下降？ (A)會計週期結束前將長期投資變現　(B)營運資產週轉率上升　(C)帳面價值下降　(D)會計週期結束前購買新建築物　(E)以上皆是。

(　) 29.某公司淨利率為 11.4%，資產週轉率為 1.34，若股東權益報酬率為 22.8%，則權益比率為多少？ (A)149%　(B)67%　(C)37.31%　(D)55.55%。

(　) 30.杜邦方程式之股東權益報酬率等於：(A)（稅前淨利／銷貨）×（銷貨／總資產）×｛1／（1－負債比率）｝　(B)（稅後淨利／銷貨）×（銷貨／總資產）　(C)（稅後淨利／銷貨）×（銷貨／總資產）×（總資產／平均股東權益）　(D)（稅前淨利／銷貨毛利）×（銷貨毛利／銷貨）。

(　) 31.下列哪一種行業的總資產週轉率會較高？ (A)生化製藥業　(B)電子業　(C)

石油化學工業　(D)連鎖速食店。

(　) 32.假設淨利率與股東權益比率不變，則總資產週轉率增加，將使股東權益報酬率：　(A)減少　(B)增加　(C)不變　(D)不一定。

(　) 33.股東權益報酬率又可稱為杜邦比率，可拆解為稅後盈餘比率乘上資產週轉率再乘上下列何項比率？　(A)負債比率　(B)保留盈餘比率　(C)資產權益倍數　(D)以上皆非。

(　) 34.忠孝公司民國 101 年的資產週轉率為 4 倍，當年度銷貨收入 $1,000,000。如果當年度淨利為 $80,000，請問該公司民國 101 年的資產報酬率為：　(A)8%　(B)32%　(C)40%　(D)80%。

(　) 35.奇異公司 101 年度平均股東權益 $200,000，平均負債 $200,000，銷貨 $500,000，其淨利 $50,000，負債利息 $10,000，稅率 10%，稅後純益率 10%，則 101 年該公司總資產週轉率為何？　(A)1.25　(B)2.5　(C)3　(D)以上皆非。

(　) 36.旅行家公司 101 年度平均總資產 $150,000，銷貨 $60,000，其稅後淨利 $30,000，稅率 25%，平均財務槓桿比率為 2，則該公司股東權益報酬率為何？　(A)40%　(B)32%　(C)30%　(D)無法計算。

(　) 37.亞泥公司的股東權益報酬率為 14%，負債／權益比為 0.8，則資產報酬率為　(A)7.78%　(B)13.9%　(C)11.1%　(D)8.5%。

(　) 38.負債比率提高，將使股東權益報酬率如何變動？　(A)提高　(B)降低　(C)不一定　(D)不變。

(　) 39.某公司的淨利率為 0.3，資產週轉率為 2，資產／權益比為 3，則資產報酬率為：　(A)20%　(B)40%　(C)60%　(D)以上皆非。

(　) 40.某公司之總資產週轉率為 3.0，淨利率為 4%，前二比率同業平均分別為 2.0 與 7%，該公司與同業均無計息負債，則其總資產報酬率：　(A)較同業為高　(B)較同業為低　(C)與同業相同　(D)與同業無法比較。

(　) 41.本期銷貨收入除以總資產之比率是用以衡量：　(A)當期總資產之使用效率　(B)每一元之銷貨減除費用之後所剩下之金額　(C)股東權益之報酬率　(D)以上皆非。

(　) 42.固定資產週轉率高表示：　(A)損益兩平點較高　(B)固定資產運用效率高　(C)銷貨潛力尚可大幅提高　(D)生產能量較有彈性。

(　) 43.聯華電子的分析者通常都是以下列何項目來與各資產求得比值，以作為資產運用效率分析之比率指標？ (A)銷貨成本 (B)本期純益 (C)每股盈餘 (D)銷貨收入。

( ) 44.固定資產週轉率之計算公式為： (A)銷貨收入淨額／平均固定資產 (B)平均固定資產／銷貨收入淨額 (C)平均固定資產／折舊費用 (D)折舊費用／平均固定資產。

( ) 45.下列何種比率不能衡量一個企業資產運用的效率？ (A)營運資金比率 (B)固定資產週轉率 (C)總資產週轉率 (D)股東權益週轉率。

( ) 46.下列敘述何者不正確？ (A)現金週轉率高可能有現金短缺之虞 (B)現金週轉率低表示營業所需現金充裕 (C)現金是收益力較高之資產 (D)現金是流動性較高之資產。

( ) 47.阿達公司去年度的銷貨毛利為 1,800 萬，毛利率為 30%，稅前純益率為 20%，企業的所得稅率為 20%，該公司去年度的淨利為： (A)1,200 萬 (B)960 萬 (C)1,440 萬 (D)84 萬。

( ) 48.淨利率大於零的天霸企業經理人一心想讓損益表亮麗些，故仗恃其市場獨占力量，強迫下游廠商提前進貨，她這樣做 (A)當年度純益會增加 (B)下一年度純益會增加 (C)當年度應收款週轉率會增加 (D)當年度營業循環會增加。

( ) 49.某企業的營業利益率為產業之冠，而淨利卻敬陪末座，可能的原因為何？ (A)該企業所生產的產品附加價值太低 (B)該企業依賴鉅額借入款擴充設備 (C)該企業為了開發高利潤產品 ，發生大筆研究發展費用 (D)因為經濟不景氣，該公司產品嚴重滯銷。

( ) 50.計算淨利率時，下列何項不需考慮？ (A)會計原則變動的累積影響數 (B)匯兌損失 (C)利息支出 (D)以前年度損益錯誤的更正。

( ) 51.本年度銷貨收入 $1,005,000，銷貨退回 $5,000，銷貨成本 $800,000，銷貨毛利率為： (A)19.9% (B)20.0% (C)79.6% (D)80.0%。

( ) 52.公司的變動成本約佔其銷貨金額的 25%，假設其固定成本為 $200,000，請問其銷貨收入達多少時公司會損益兩平？ (A)$550,000 (B)$500,000 (C)$333,333 (D)$266,667。

( ) 53.設甲產品之單位售價由 $1 調為 $1.2，固定成本由 $400,000 增至 $500,000，變動成本仍為 $0.6，則損益兩平數量會有何影響？ (A)增加 (B)下降 (C)不

變 (D)不一定。

( ) 54.固定成本為 $200,000，單位售價 $40，單位變動成本 $24，則損益兩平之銷貨額為？ (A)$200,000 (B)$300,000 (C)$400,000 (D)$500,000。

( ) 55.大華公司之損益兩平點在銷貨收入為 $100,000 時，變動成本率為 25%，如售價不變，變動成本率與固定成本總額均加倍，試問新的損益兩平點之銷貨額為若干？ (A)$200,000 (B)$300,000 (C)$400,000 (D)$500,000。

( ) 56.仁寶公司銷貨 $500,000 時之固定成本為 $300,000，變動成本 $350,000，求損益兩平銷售金額是多少？ (A)$1,000,000 (B)$900,000 (C)$1,166,666 (D)$650,000。

( ) 57.下列何種情況下，邊際貢獻率一定會上升？ (A)損益兩平銷貨收入上升 (B)損益兩平銷貨單位數量降低 (C)變動成本佔銷貨淨額百分比下降 (D)固定成本佔變動成本的百分比下降。

( ) 58.安全邊際係指： (A) 銷貨收入－變動成本 (B)銷貨收入－固定成本 (C)銷貨收入－銷貨成本 (D)銷貨收入－損益兩平銷貨收入。

( ) 59.某製造商只生產一種高邊際貢獻率的產品，若該公司的產品單位售價與變動成本同時提高 10%，在固定成本不變的情況下，會發生： (A)邊際貢獻率不變，但邊際貢獻金額改變 (B)邊際貢獻率改變，但邊際貢獻金額不變 (C)邊際貢獻率與邊際貢獻金額皆改變 (D)邊際貢獻率與邊際貢獻金額皆不變。

第二部份

1.⑴請寫出資產報酬率（return on asset, ROA）和股東權益報酬率（return on equity, ROE）的公式。

⑵請寫出兩者之間的關係式。

2.下列為正基公司民國 100 年 12 月 31 日部份財務資料：

速動比率	0.8：1
負債與股東權益比率（假設無長期負債）	1.2：1
應收帳款平均收現日數（一年以 360 天計）	30 天
資產週轉率	3
銷貨毛利率	30%

存貨週轉率	6
固定資產淨額	$1,410,000
股東權益總數（包括面額 $10，普通股 150,000 股，每股發行價格 $11）	$3,000,000

假設資產負債表的數字代表平均金額，所有銷貨均為賒銷，試根據上述資料編製正基公司民國 100 年 12 月 31 日之簡明資產負債表。

3.以下為甲，乙二公司的相關資訊：

	甲公司	乙公司
(1) 總資產週轉率	2.0	2.0
(2) 存貨週轉率	4.6	4.0
(3) 應收帳款週轉率	12.0	12.0
(4) 固定資產週轉率	1.8	2.0
(5) 稅後淨利率	4.5%	2.9%
(6) 資產／權益	2.10	3.3
(7) 稅前息前淨利（EBIT）／銷貨收入	9.9%	8.6%
(8) 銷貨毛利	20.1%	19.8%
(9) 所得稅率	35%	35%

試作：

計算甲，乙二公司之股東權益報酬率及總資產報酬率，並簡單列出算式。

解答：

第一部份

1.	B	2.	D	3.	A	4.	B	5.	D
6.	A	7.	C	8.	B	9.	B	10.	B
11.	B	12.	D	13.	C	14.	B	15.	C
16.	B	17.	C	18.	C	19.	B	20.	B
21.	B	22.	D	23.	C	24.	B	25.	A
26.	A	27.	D	28.	D	29.	B	30.	C
31.	D	32.	B	33.	C	34.	B	35.	A
36.	A	37.	A	38.	C	39.	C	40.	B
41.	A	42.	B	43.	D	44.	A	45.	A

46.	C	47.	B	48.	A	49.	B	50.	D
51.	B	52.	D	53.	B	54.	D	55.	B
56.	A	57.	C	58.	D	59.	A		

第二部份

1.

(1)總資產報酬率＝$\frac{〔稅後淨利＋利息費用（1－所得稅率）〕}{平均總資產}$

股東權益報酬率＝$\frac{稅前淨利（稅後淨利）}{平均股東權益}$

(2)股東權益報酬率＝淨利率×總資產週轉率×財務槓桿率

＝總資產報酬率×財務槓桿率

2.

正基公司
資產負債表
100 年 12 月 31 日

資產		負債	
流動資產		流動負債(1)	$ 3,600,000
現金(4)	$ 1,230,000	負債總額	$ 3,600,000
應收帳款(2)	1,650,000	股東權益	
存貨(3)	2,310,000	普通股股本	$ 1,500,000
小計	$ 5,190,000	（面額 $10，普通股 150000）	
		資本公積	150,000
固定資產	1,410,000	保留盈餘	1,350,000
		股東權益總額	$ 3,000,000
資產總額	$ 6,600,000	負債與股東權益總額	$ 6,600,000

(1)3,000,000×1.2＝$3,600,000

總資產＝3,600,000＋3,000,000＝$6,600,000

銷貨＝6,600,000×資產週轉率＝ 6,600,000×3＝$19,800,000

(2)應收帳款＝19,800,000/12＝$1,650,000

(3)銷貨成本＝19,800,000×(1－30%)＝$13,860,000

存貨＝13,860,000/6＝$2,310,000

(4)速動資產＝3,600,000×0.8＝$2,880,000

現金＝2,880,000－應收帳款＝2,880,000－1,650,000＝$1,230,000

3.甲公司：總資產報酬率＝稅後淨利率×總資產週轉率＝4.5%×2＝9%

股東權益報酬率＝稅後淨利率×總資產週轉率×財務槓桿率

＝4.5%×2×2.1＝ 18.9%

乙公司：總資產報酬率＝稅後淨利率×總資產週轉率＝2.9%×2＝5.8%

股東權益報酬率＝稅後淨利率×總資產週轉率×財務槓桿率

＝2.9%×2×3.3＝19.14%

PART IV

其他

第十章

公司評價

一般來說，公司的價值除了有形資產外還應該包括無形資產的部分。但目前財務報表上所看到的都是對於有實體存在的資產或是研發成功的智慧財產權、專利權等評價，至於無法量化或是缺乏公正客觀的評價則排除在外。高科技產業的公司其每股市價與每股淨值比時常大於 1 的原因就在於此，因為有許多公司的無形價值衡量受限於財務會計準則的規定，而時常受到低估，除非該公司逐年呈現虧損的狀況，其每股市價與每股淨值比才會小於 1。相對的傳統產業公司其每股市價與每股淨值比時常接近 1，因為傳統產業較少有研發支出，相較之下就較少無形資產價值低估的問題。

資產的價值跟它的交易方式有密切的關聯性，若是能在公開市場交易買賣的資產，其流動性較高，則資產再出售的折價程度就會愈小。若是該項資產只能以私募的方式或洽特定人交易人的方式進行，則該項資產再出售時折價幅度會較大，資產價值就會變得較低。

第一節

公司評價模型的介紹

公司評價的過程有一套完整的作業程序，先從蒐集公司的相關資訊著手，接下來分析與評估公司資訊，這當中以建立與選擇評價模式以及選擇分析技術是最重要的。最後分析資訊的目的，是為了要將公司對於未來的經營環境展望，轉換為預估的財務績效，再將財務績效轉換成公司價值。

公司經營環境可從分析公司未來銷售成長率、產品單價是否大幅滑落、產業前景、資本支出金額等進行。總體經濟情況分析後，接下來看公司在產業的地位，並且依先前總體經濟預測的結果，估計出該產業以及公司的銷售成長。產業結構中各廠商的競爭優勢（Strength）和劣勢（Weakness）以及競爭條件和利基都應一併考量。最後得出本公司未來的銷售成長。

每家公司都有其獨特的經營環境、產業發展，所以設計評價模型會因各公司或市場狀況而有所不同。評估一家公司的價值，方法有以下幾種：

一、現金流量折現法

把未來各期現金流量折現，而未來現金流量可以為營運現金流量、經濟利潤、超額盈餘和現金股利作為折現的基礎，來計算公司的價值。我們評價公司價值的依據是現金流量而不是稅後淨利，並不是因為淨利不能代表公司的經營成果，而是我們從現金流量表中可以發現，公司的稅後淨利與實際的現金流量之間有些差異。有時候公司的損益表中記載的是稅後淨利，但是公司並未因淨利而在現金流量表有現金淨流入的情形，可能是需要投資興建廠房或是償還銀行貸款。所以投資人對於公司的價值的認定是依據公司每一期所帶來的現金流量來決定，而不是稅後淨利的金額。公司股票價值等於公司未來要付給股東所有股利的折現值。貨幣時間價值觀念可用來評價權益證券價格，如預期未來每期可收到固定的股利收入 D，及預期報酬率 r，則將股利收入折現，可獲得公司的股票價格，以下列式子表示：

$$P=\frac{D}{1+r}+\frac{D}{(1+r)^2}+\cdots+\frac{D}{(1+r)^n}+\cdots=\sum_{t=1}^{\infty}\frac{D}{(1+r)^t}$$

例：

于庭於未來三年發放的現金股利分別為 \$3、\$4、\$5，三年後于庭的市價為 \$65，假設折現率為 10%，則目前于庭的價值應該為多少？

解：$P=\frac{\$3}{(1+10\%)}+\frac{\$4}{(1+10\%)^2}+\frac{\$5}{(1+10\%)^3}+\frac{\$65}{(1+10\%)^3}=\$58.62$

不過，實際上公司發放之股利並非一成不變，會隨著公司的成長而隨時間增加，為求簡化，假設公司的股利成長率 g 為固定，屬於固定成長模式（Constant Growth Model）。因此公司目前的股價可以以下式表示：

$$P=\frac{D(1+g)}{(1+r)}+\frac{D(1+g)^2}{(1+r)^2}+\cdots+\frac{D(1+g)^{n-1}}{(1+r)^{n-1}}+\cdots+\frac{D(1+g)^n}{(1+r)^n}=\frac{\frac{D(1+g)}{(1+r)}}{1-\frac{(1+g)}{(1+r)}}=\frac{D(1+g)}{(r-g)}$$

◎上式即為固定成長率股利折現模型，是假設公司盈餘及股利以一定速度成長。

例：

于庭每年發放現金股利 3 元，公司的成長率為 7%，折現率維持在 12%，則股價為何？

解：$P=\frac{3\times(1+7\%)}{12\%-7\%}=64.2$

若是假設公司處於無成長的型態中，則屬於無成長固定股利模式（No-Growth-Constant Dividend Model），折現模式以下示表示：

$P=\frac{D}{r}$

例：

于庭每年發放現金股利 6 元，折現率維持在 12%，則股價為何？

解：$P=\frac{6}{12\%}=50$

雖然股利折現模型易於使用，但是對於公司正當處於營運高成長期間通常不付股利，而是將淨利再投資在營運上，則此類型的公司並不是沒有價值。所以當使用折現模式估計公司價值時，所依據的是公司成長穩定後的股利水準。

二、超額報酬折現法

這個方法也是屬於現金流量折現法的一種。公司價值取決於公司是否能賺得超額報酬。企業在賺取正的超額報酬的前提下，公司的市場價值才會大於帳面價值。而公司的正常報酬是以正常報酬率乘上公司的期初帳面價值。公司的價值為公司在某一時點的帳面價值加上未來超額盈餘的折現值。

依照產品生命週期，公司新開發的產品通常會先步入成長期，在成長期時競爭者少，所以公司得享有超額報酬。之後生產廠商的家數逐漸增加，使得公司的超額報酬無法繼續維持，而趨向正常報酬，這個時候公司處於成熟期。公司的營運也會受景氣循環影響，而有時成長或有時衰退，呈現非固定成長類型，因此若計算非固定成長率股利率折現模型，則可分為二階段來計算：

1. 先計算超額報酬期間之折現值

$$D_{e,1} = D \times (1 \times g_1)$$

$$D_{e,2} = D_{e,1} \times (1 \times g_2) = D \times (1 \times g_1) \times (1 \times g_2)$$

$$\vdots$$

$$D_{e,n} = D \times (1 \times g_1) \times (1 \times g_2) \times \cdots \times (1 \times g_{n-1}) \times (1 \times g_n)$$

$$PV_s = \sum_{t=1}^{n} \frac{D_{e,t}}{(1+r)^t} = \frac{D_{e,1}}{(1+r)} + \frac{D_{e,2}}{(1+r)^2} + \cdots + \frac{D_{e,n-1}}{(1+r)^{n-1}} + \frac{D_{e,n}}{(1+r)^n}$$

◎PV 表示在超額報酬期間股利之折現值總合

2. 計算正常報酬期間之折現值

從第 n 期視為正常報酬折現之起點，即計算第 n 期之股價為

$$P_n = \frac{D(1+g_c)}{r-g_c}$$

再將第 n 期之股價折現至第 0 期，即為正常報酬期間之折現值

$$PV_c = P_0 = \frac{D(1+g_c)}{r-g_c} \times \frac{1}{(1+r)^t} = \frac{D(1+g_c)}{(1+r)^n(r-g_c)}$$

3. 加總額報酬期間與正常報酬期間之折現值

$$P = PV_s + PV_c = \sum_{t=1}^{n} \frac{D_{e,t}}{(1+r)^t} + \frac{D(1+g_c)}{(1+r)^n(r-g_c)}$$

◎P 表示公司的價值

三、價格乘數評價法

前面所介紹的現金流量折現法和超額報酬折現法，都必須對未來的現金流量做預估。因為未來的績效表現對於公司目前的價值有直接的關係。而價格乘數評價法則是以對照同公司的價格乘數為基礎，來評估公司的價值。此類評價方法包括：本益比法（P/E ratio）、市價對帳面價值比（P/B ratio）、市價對銷貨收入比法（P/S ratio）。價格乘數評價法主要是必須在產業中找到相似的公司，計算乘數，例如，本益比或是市價對帳面價值比等，然後再將乘數應用到公司，以計算出參考的公司價值。當然這個方法看起來似乎比前面兩種方法簡單，但是在產業中找到相似的公司再比較可不是那麼容易，以及相似公司的乘數是否完全適合本公司，也是個值得深思的問題。

所謂價格乘數，是以價格除以某項基礎，而這個基礎應該要選擇未來績效表現而不是過去的績效表現，因為公司的價值絕大部分是反映於未來的績效表現，只有連連虧損的企業，未來前景一片黯淡，是好是壞還是未知數，所以評價這類公司較常以過去的績效表現為基礎或者是歷史資料可作為未來指標時，才可利用歷史資料。

(一)本益比法（P/E ratio）

股價除以每股盈餘（EPS），以股價代表投資人的投資成本，每股盈餘代表獲利能力表現，本益比與預期公司未來的盈餘呈正比，也就是說預期未來獲利能力有大幅的成長，公司可享有較高的本益比，不過台灣一些大企業的本益比都較高，因為大公司的財務較透明化，例如，台積電。也有些小企業的本益比較高，因為公司的股本較小，而預期未來獲利有爆發性的成長。本益比的倒數，形同投資報酬率的概念，也就是說，投資人若想享有多少的投資報酬率，就必須考量本益比的高低，例如，台積電每股盈餘 4 元，公司股價一股 60 元，此時本益比 15，投資人這時買進台積電的股票，預期可享有 6.67% 的投資報酬率。

本益比評價法的前提假設是股價應反映每股盈餘；每股盈餘愈高的企業股票，股價也應愈高；因此，本益比反映的是股價相對於每股盈餘是否太貴或太便宜的指標。呈現虧損的公司就無法以本益比法評價。在採用本益比法評價公司時，不用事先假設風險、公司的成長率及股息分配率，就可以直接進行評價，是受到一般投資人喜愛的原因。不過在採用本益比法同時，最好可以把同產業的相似公司也拿來直接做比較，看公司的股價是否受到高估或低估的情形，或者是計算出該產業的平均本益比。

而每股盈餘小於 1 的公司，以本益比來評價會有反效果，因為計算的結果會有擴散效果（例如，股價 10 元，而每股盈餘 0.2 元的股票，本益比卻高達 50 倍，會讓投資人覺得該公司的股價是否太高的誤解）。本益比法不應只考量目前盈餘，最好還考量未來盈餘成長率，因為公司的價值反映未來的表現。也可透過公司享有的本益比高低，來評估該企業未來是否有超額報酬。像是上市公司宏達電，單以過去的每股盈餘來評估該公司的本益比，會覺得本益比很高，若是從宏達電的每股盈餘進行分析會發現，呈倍數的增加。本益比法也可用來做為尋找高成長公司的一種方法，所以淨利變動時常會造成本益比大幅波動，尤其是在景氣循環類股最為明顯。景氣循環公司盈餘與景氣循環有關，但股價反映的是對未來的預期，所以當來到景氣谷底時，公司的本益比未必會是最低，因為未來的景氣一定會比現在好，公司賺的錢也一定會比現在多。而當景氣處於繁榮時，本益比也未必會是最大。

(二)市價對帳面價值比（P/B ratio）

相較於現金流量折現法，這個方法較為簡化。即使公司發生虧損時，無法採用本益比衡量，但仍可採用市價對帳面價值比。資產負債表中的固定資產有一項特性：採用原始成本列帳。所以年代愈久的固定資產其帳面價值愈低，無法以市價列帳。如果這項固定資產是土地，則該筆土地的價值應該比帳面價值高出許多。資產的市價反映的是盈餘能力和預期現金流量。兩家公司：一家有高的市價對帳面價值比，而另一家則較低，主要的因素視該公司是否有高的股東權益報酬率（ROE）而定。若公司的股東權益報酬率與市價對帳面價值比無法吻合時，呈現低 P/B 且高 ROE 時，或高 P/B 且低 ROE 時，表示該公司的股價可能遭到低估或高估。

(三)市價對銷貨收入比法（P/S ratio）

$$\text{P/S ratio} = \text{P/E} \times \frac{Income}{Sale}$$

價格對銷貨收入比可視為本益比（P/E）與稅後淨利率（Net Income/Sale）。擁有高淨利率的公司，每一元的銷貨收入都有較高的價值。例如，IC 設計公司的 P/S 較晶圓代工高，因為 IC 設計公司的毛利率和淨利率較高的緣故。以公司淨利率的角度，間接估計公司的價值，並隱含假設銷售額愈大，則公司的獲利愈大，因此公司的股價也愈高。以銷貨收入來評估公司的淨利，還有一項原因是上市櫃公司每個月的 10 號必須公佈上個月的銷貨收入，而獲利數字必須要等到季報、半年報和年報才公佈。所以一般投資人可以搶先預估公司的獲利情形。但公司的淨利率有逐漸下降的趨勢時，則必須以毛利率為評估公司價值的指標。所以公司的毛利率對於公司的價值有很大的影響。如果公司為虧損時，以本益比法與市價對帳面價值比法來評估並無意義，採市價對銷貨收入比法則是可行的方法。有的時候公司的損益會受到存貨評價方法、折舊方法的選擇或是非常損益的影響，但是採用市價對銷貨收入比法則較為穩定。而採用市價對銷貨收入比法的缺點在於公司銷售的產品，當售價不變時，成本的控管出現問題，導致盈餘和每股帳面價值逐年下降，這個時候採用市價對銷貨收入比法則會忽略了此一現象。所以對於成本控管較差的公司，採用這個方法會發生誤導。

四、每股帳面價值

每股帳面價值代表每股普通股所享有的淨資產，也可解釋為，假如企業按資產負債表上所列示的帳面價值進行清算，每股普通股可以收回的現金數額。

計算公式如下：

每股帳面價值＝（總資產－總負債）÷流通在外普通股

例：

于庭 101 年度合併總資產為 $594,696 百萬元，合併總負債為 $95,648 百萬元，97 年度流通在外普通股為 25,625 百萬股，試問于庭 101 年度之每股帳面價值為何？

解：每股帳面價值＝($594,696－$95,648)÷25,625＝$19.48

五、每股盈餘（EPS）

每股盈餘代表公司之普通股在一會計年度中所賺得之盈餘。

計算公式如下：

每股盈餘＝（稅後淨利－特別股股利）÷普通股加權平均流通在外股數

例：

于庭 101 年度合併純益為 $99,933 百萬元，且只有發行普通股，101 年度流通在外普通股為 25,625 百萬股，試問于庭 101 年度之每股盈餘為何？

解：每股盈餘＝($99,933－0)÷25,625＝$3.90

從公司各年度 EPS 的變動，可以預估公司未來的獲利成長趨勢。EPS 也可以用來預測未來盈餘及公司會發放多少現金股利及股票股利。

第二節

加權平均資金成本

在採用折現模型時，所採用的折現率，常用加權平均資金成本（Weighted Average Cost of Capital; WACC）。折現率類似經濟學中的機會成本的概念。把所有資金來源的機會成本予以平均，例如，長期借款、特別股、普通股權益。在計算加權平均成本時，是以稅後為基礎。而計算加權平均成本的權數時，以市場價值為評量的標準，每一項資金來源都採用市價，才能反映真正的經濟實質。

$$WACC=\frac{V_d}{(V_d+V_e)}\times R_d(1-T)+\frac{V_e}{V_d+V_e}\times R_e$$

V_d：負債的市場價值

V_e：權益的市場價值

R_e：權益資金成本

R_d：負債資金成本

T：稅率

負債和權益佔資金成本的權數是以各自的市場價值除以全部資金成本的市場價值。計算加權平均成本時向供應商進貨的應付帳款不用算入資金成本，所以負債的權值不能計入這一個部分。因為應付帳款的利息成本通常都已包含在產品售價，已經視為公司營運成本的一部分。若是公司沒有需要支付利息的負債，那麼權益資金成本和加權平均資金成本是相同的。不同的資金來源有著不同的資金成本，因此加權平均資金成本就把這全部的資金成本以加權的方式求得的平均成本。

負債的資金成本應該要以目前市場利率為基準。如果部分的負債是經由特定人認購的，例如：公司債，雖然不是以市場利率做為報價，但是從發行公司債以來，市場利率變動的幅度不大，則票面利率可以作為基準。負債的資金成本採稅後基礎，是因為我們計算現金流量折現或是其他方法的折現時，也是針對稅後的金額進行折現。

例：

于庭適用 40% 的所得稅率，其資本結構比例及稅前資金成本率如下：

	資本結構比例	稅前資金成本率
負債	20%	15.0%
特別股	30%	12.0%
普通股及保留盈餘	50%	13.2%

于庭的加權資金成本率為何？

解：20%×（1－40%）×15%＋30%×12%＋50%×13.2%＝12%

例：

于庭擁有二座晶圓廠，此二座晶圓廠民國 101 年的部分財務資料如下：

	竹科廠	南科廠	合　計
總資產	$2,800,000	$5,500,000	$8,300,000
流動負債	800,000	1,000,000	1,800,000
長期負債			4,500,000
股東權益			2,000,000
股東權益市值			3,000,000
稅前淨利	300,000	675,000	975,000

假設于庭的資金成本率分別為：長期負債利率 10%，權益資金成本 15%，又公司所得稅稅率為 25%，該公司加權平均資金成本為何？

解：加權平均資金成本（WACC）

$=[4,500,000\times 10\%\times(1-25\%)+3,000,000\times 15\%]/(4,500,000+3,000,000)$

$=(337,500+450,000)/7,500,000$

$=10.5\%$

權益的資金成本，目前使用的方式大多使用 CAPM 來衡量。CAPM 表示權益的資金成本等於無風險資產的報酬再加上系統風險的溢酬。也就是說，權益資金成本是指投資人於投資該公司時所要求的預期報酬水準，這個預期報酬水準包括最基本的資金使用成本（在沒有風險的情況下所能賺取的報酬；例如，銀行存款利息）外，還包括投資該公司所需承擔風險的溢酬，承擔的風險愈高，所要求的風險貼水也就愈高，也就是高風險高報酬的概念。

$$R_e = R_f + \beta[E(R_m) - R_f]$$

R_f：無風險利率

β：權益的系統風險

$[E(R_m)-R_f]$：風險溢酬

例：

于庭股價貝他值為 1.5，市場期望報酬率為 14%，無風險利率水準為 10%，則于庭期望報酬率為何？

解：根據 CAPM，于庭股票預期報酬率＝10%＋1.5(14%－10%)＝16%

第三節

經濟附加價值

經濟附加價值又稱經濟利潤，用來衡量公司經營活動在每期所創造的增額價值。

經濟附加價值＝投資資本 ×（投資資本報酬率－加權平均資金成本）

投資資本主要包括淨營運資金、廠房機器設備等營運資產的總和。淨營運資金等於營運流動資產減無息的流動負債。營運流動資產主要包括現金、應收帳款和存貨，或者是等於流動資產減短期投資。對於現金流量折現模型，也可以使用經濟利潤來折現，把經濟利潤當作是公司的一項短期現金流量，稱為經濟利潤評價法。經濟利潤是衡量公司經營績效很好的評量指標。在短期以經濟利潤取代營運現金流量作為衡量的指標效果較佳，因為公司管理階層可能會採用延緩投資來改善營運現金流量，所以營運現金流量折現法比較適合長期的評價。採用經濟利潤來衡量，可以看出公司的投資決策是否投資資本報酬率大於平均資金成本。若是大於的話，才代表該方案值得投資。

從經濟利潤折現法來評價公司價值時，可以發現公司價值增加決定於：

1. 增加現有投資資本的利潤。
2. 增加新投資資本的報酬。
3. 提高成長率，但必須使投資資本報酬率大於加權平均資金成本。
4. 降低資金成本。

練習題

( ) 1. 公司僅發行普通股，將股東權益總額除以流通在外股數，係在計算普通股何種價值？ (A)面額 (B)帳面價值 (C)清算價值 (D)淨變現價值。

( ) 2. 「每股帳面價值」係指？ (A)普通股每股擁有之公司淨資產 (B)普通股每股擁有之公司總資產 (C)股票之市價 (D)普通股每股賺到之淨利。

( ) 3. 某公司 12 月 31 日之資產負債表股東權益部分顯示下列資料：

特別股，10%，每股面額 $50，20,000 股發行在外⋯⋯⋯$1,000,000
普通股，每股面額 $10，核准發行股數 500,000，
150,000 股發行在外⋯⋯⋯1,500,000
保留盈餘⋯⋯⋯500,000

根據上述資料，公司之普通股每股帳面價值應為： (A)$10.00 (B)$12.67 (C)$13.33 (D)$17.65。

( ) 4. 敦化公司某年度 1 月 1 日有流通在外 15,000 股之普通股，於 5 月 1 日再發行 6,000 股普通股，在 10 月 1 日買回 3,000 股作為庫藏股，試問當年度普通股流通在外的加權平均數為若干？ (A)15,000 (B)16,750 (C)18,000 (D)18,250。

( ) 5. 股本 $1,000,000，股本溢價 $100,000，法定公積 $300,000，累積盈餘 $100,000，若股票有 10,000 股，則每股帳面價值為？ (A)$140 (B)$100 (C)$110 (D)$150。

( ) 6. 在繼續經營假設下，每一股份可享之淨資產數額，稱為？ (A)帳面價值 (B)市場價值 (C)票面價值 (D)清算價值。

( ) 7. 保利公司 102 年初流通在外普通股 10,000 股，每股面額 $100，保留盈餘 $600,000，資本公積－股本溢價 $600,000，每年特別股之股利 $100,000，該公司於 102 年 8 月 1 日宣告 15% 之股票股利，102 年稅後淨利為 $1,595,000，則每股盈餘為？ (A)$130.00 (B)$140.70 (C)$142.38 (D)$149.50。

( ) 8. 丁卯公司 102 年度淨利為 $765,000，有關股份資料如下：9% 累積特別股，每

股面值 $100，全年流通在外 10,000 股，普通股 1 月 1 日流通在外 20,000 股，7 月 1 日增資 5,000 股，則 102 年度普通股每股盈餘為？ (A)$27 (B)$34 (C)$30 (D)$30.6。

( ) 9. 甲公司於 102 年底之資產總額為 $390,000，負債總額為 $120,000，流通在外普通股（面額 $10）為 $90,000，則普通股的每股帳面價值為何？ (A)$10 (B)$20 (C)$30 (D)$34。

( ) 10. 成長公司普通股股本 $500,000，資本公積－發行溢價 $50,000，保留盈餘 $200,000，若發行在外普通股為 50,000 股，則普通股每股帳面價值為：(A)$10 (B)$11 (C)$14 (D)$15。

( ) 11. 甲公司股東權益總額為 $7,000,000，包括：特別股 $2,000,000（200,000 股，每股面額 $10，股利 $2，贖回價格為 $11），普通股 $1,600,000（每股面額 $10），資本公積 $1,600,000，保留盈餘 $1,800,000，假設無積欠股利，普通股每股帳面價值為：(A)$20.00 (B)$27.5 (C)$30.00 (D)$31.25。

( ) 12. 甲公司 102 年淨利 $470,000，股本包括全年流通在外普通股 50,000 股，及 6%，面額 $100 之特別股 20,000 股，102 年發放現金股利每股 $2，求每股盈餘為：(A)$5.0 (B)$7.0 (C)$7.4 (D)$9.4。

( ) 13. 有關本益比計算公式，正確者為何？ (A)每股盈餘÷每股市價 (B)每股市價÷每股盈餘 (C)每股盈餘÷每股現金股利 (D)每股現金股利÷每股市價。

( ) 14. 設某公司本年度每股盈餘為 $5，每股可分配股利 $3，而本年底每股帳面價值為 $36，每股市價為 $45，則該公司股票之本益比為：(A)7.2 倍 (B)9 倍 (C)12 倍 (D)15 倍。

( ) 15. 下列哪一個財務比率對投資人最重要：(A)每股盈餘 (B)權益報酬率 (C)流動比率 (D)存貨週轉率。

( ) 16. 甲公司普通股市價為 $73，今年度淨利為 $1,750,000，流通在外股數為 350,000 股，則甲公司之本益比為：(A)6.8 (B)14.6 (C)20 (D)20.9。

( ) 17. 喬治公司之股票市價為 100 元，股票報酬率為 25%，其本益比為何？ (A)5.00 (B)4.00 (C)0.25 (D)0.2。

( ) 18. 設某公司 102 年度的每股盈餘為 $5，每股可配股利為 $3，而 102 年底每股帳面價值為 $36，每股市價為 $45，則該股票之本益比為？ (A)9 倍 (B)12 倍

(C)15 倍 (D)7.2 倍。

( ) 19.G 公司 2012 年資料如下：

淨　　利	$480,000
普通股股利	240,000
流通在外股數（全年未變）	600,000 股

若 G 公司 2012 年底普通股市價為 32 元，試問年底本益比為若干？ (A)1.25% (B)2.5% (C)40 (D)60。

( ) 20.油灣公司的本益比為 20，市價淨值比為 1.6，則其股東權益報酬率約為： (A)0.05 (B)32% (C)0.08 (D)12.5%。

( ) 21.乙公司之股票報酬率為 25%、股票市價為 $50，則其本益比為： (A)0.20 (B)0.25 (C)4.00 (C)5.00。

( ) 22.公司折舊方式由直線法改為加速折舊法，則其本益比（假設其他條件不變）？ (A)較原來的高 (B)較原來的低 (C)不變 (D)無法判斷。

( ) 23.甲公司產業循環為成長期，而乙公司產業循環為成熟期，資本結構相同下，則甲公司的本益比應較如何？ (A)高 (B)低 (C)相等 (D)沒影響。

( ) 24.百合公司盈餘報酬率為 0.2，當年度平均普通股東權益 $250,000，淨利 $40,000，特別股股利 $10,000，則該公司之股價淨值比率為何？ (A)2.4 (B)3.2 (C)2 (D)選項 (A)(B)(C) 皆非。

( ) 25.下列敘述何者為非？ (A)本益比低之公司通常為成長型之公司，成長潛力較大 (B)使用 JIT（just in time）生產管理的公司，其存貨週轉率較高 (C)一公司其收帳能力良好，則應收帳款週轉率較高 (D)以上有兩個為真。

( ) 26.下列敘述何者為非？ (A)兩公司今年本益比相同，不代表兩公司成長性一樣 (B)產業成長性低的公司，其本益比會較高 (C)公司面臨風險的改變會影響本益比變動 (D)會計方法變動會影響本益比。

( ) 27.某上市公司股價為 104 元，每股盈餘為 5 元，請計算公司的本益比為何？ (A)20.8 倍 (B)0.05 倍 (C)10.4 倍 (D)以上皆非。

( ) 28.某上市公司股價為 65 元，每股股利為 5 元，請計算公司的股利收益率為何？ (A)10.6% (B)12.9% (C)7.7% (D)9.6%。

(　) 29.某公司之股價為 65 元，每股股利為 5 元，每股盈餘為 8 元，股利支付率為何？ (A)52.5% (B)62.5% (C)72.5% (D)82.5%。

(　) 30.某公司的股東權益報酬率為 17%，市價淨值比為 2.38 倍，則公司的本益比為？ (A)7.14 (B)14 (C)19.38 (D)40.46。

(　) 31.下列敘述何者錯誤？ (A)高成長的公司本益比較低 (B)其他條件不變下，總資產週轉率愈高，股東權益報酬率愈大 (C)其他條件不變下，淨利率愈高，資產報酬率愈大 (D)其他條件不變下，總資產週轉率愈高，總資產報酬率愈大。

(　) 32.某公司 91 年度的預估獲利為 100 億元，現金股利每股 2 元，公司流通在外股數為 10 億股，則股利支付率為？ (A)10% (B)20% (C)30% (D)40%。

(　) 33.永昌公司的市價淨值比為 1.6 倍，股東權益報酬率為 13%，則本益比為何？ (A)10.3 (B)12.3 (C)14.3 (D)16.3。

(　) 34.下列敘述何者錯誤？ (A)股利發放率可瞭解公司所獲得的盈餘中，有多少比例會以股利的方式分配給股東 (B)股利收益率代表投資人以市價投資公司股票，可獲得股利之比率 (C)預期每股盈餘×合理本益比＝合理的股價 (D)股價淨值比愈高，代表公司股價被低估。

(　) 35.某公司股票的本益比（Price Earnings Ratio）為 40，股利收益率（Dividend Yield）為 1.5%，則其股利支付比率（Dividend Payout Ratio）約為： (A)60% (B)50% (C)30% (D)15%。

(　) 36.有關營運資金的敘述，下列何者為非？ (A)存貨需求增加，則營運資金要增加 (B)增加現銷比重，會增加營運資金 (C)營運資金是為維持日常營運的經常性投資 (D)出售土地，會增加營運現金。

(　) 37.在制定資本預算決策時，會計盈餘往往不是重點所在，其原因為： (A)會計盈餘與現金流量不一定相同 (B)會計盈餘未能完全考慮金錢的時間價值 (C)會計盈餘會受到成本分攤方式之影響 (D)以上皆是。

(　) 38.估計資金成本的方法包括： (A)以【（預期下一期的股利／目前股價）＋股利成長率】之估計值估計 (B)利用資本資產定價模式估計 (C)利用套利定價模式估計 (D)以上皆可。

(　) 39.我們可以把折現率當成下列哪兩項之和？ (A)純益率及資產週轉率 (B)股利殖利率（股利收益率，Dividend Yield）及股利成長率 (C)投資報酬率及本益比（Price Earnings Ratio） (D)本益比（Price Earnings Ratio）及投資報酬率。

( ) 40.下列何者與必要的報酬率（Required Rate of Return）非同義？ (A)折現率 (B)資金成本率 (C)投資人要求之報酬率 (D)總資產報酬率（ROA）。

( ) 41.經濟租（Economic Rent）發生的原因為： (A)現進入市場 (B)擁有別人沒有的生產技術 (C)擁有別人無法擁有的資產 (D)以上皆是。

( ) 42.企業在取得資產後，無法在需要賣出時出售或必須大幅降價出售之風險稱為： (A)企業風險 (B)財務風險 (C)流動性風險 (D)購買力風險。

( ) 43.企業由於總體經濟、產業景氣、公司營運能力的好壞，而使得業績、獲利受影響之風險稱為： (A)財務風險 (B)市場風險 (C)企業風險 (D)流動性風險。

( ) 44.青青公司之每股現金股利預計將以每年 10% 的速度成長，若預期一年後可拿到的現金股利為 $4，且折現率為 15%，試問其現在的股價應為： (A)$21.4 (B)$30 (C)$51.4 (D)$80。

( ) 45.台台公司的負債佔總資產比率為 50%，其負債的資金成本為 6%，權益的資金成本為 12%，稅率為 25%，則其加權平均資金成本為： (A)8% (B)8.25% (C)9.5% (D)10%。

( ) 46.假設有下列三股票，另假設無風險利率為 8%，市場投資組合之期望報酬率為 19%，根據資本資產定價理論（CAPM），應購買那一種股票？

	甲股票	乙股票	丙股票
期望報酬率	19%	16%	10%
貝他	1.09	0.70	0.20

(A)甲 (B)乙 (C)丙 (D)三者皆一樣。

( ) 47.根據資本資產定價模式，資產期望報酬率有差異的原因是在於下列何者不同？ (A)市場風險溢價 (B)無風險利率 (C)標準差 (D)貝他（beta）係數。

( ) 48.假設無風險利率為 6%，市場投資組合之期望報酬率為 16%，茲有一項投資計畫，其貝他（beta）係數為 1.2，且其期望報酬率為 17%，則此投資計畫：

(A)有正的淨現值　(B)有負的淨現值　(C)淨現值為 0　(D)無法斷定淨現值之大小。

(　) 49.一投資計畫之資金成本率決定於：　(A)該公司之資金成本率　(B)整個市場平均的資金成本率　(C)該公司所處產業之平均的資金成本率　(D)該投資計畫本身的風險。

(　) 50.假設一公司的貝他（beta）為 1.0，但其報酬率的變異數非常高，其獨特不可分散的風險亦高，若市場投資組合之期望報酬率為 16%，則該公司普通股之期望報酬率為多少？　(A)大於 16%　(B)等於 16%　(C)小於 16%　(D)資料不足，尚需無風險利率尚可計算。

(　) 51.40 元的永續年金在 8% 的資金成本率之下，現值為若干？　(A)$500　(B)$40　(C)$37.04　(D)$3.2。

(　) 52.公司的價值等於：　(A)銷貨收入減銷貨成本　(B)現金流入減現金流出　(C)有形之固定資產加上無形資產的價值　(D)負債加上股東權益的價值。

(　) 53.一公司目前的股價為 $80，下一年度預計之每股盈餘為 $4，假設投資人所要求之期望報酬率為 8%，則該公司成長機會現值對股價的比率為：　(A)8%　(B)16%　(C)24%　(D)37.5%。

(　) 54.一投資方案的資金成本是：　(A)一個經過充分分散風險投資組合的期望報酬率　(B)投資人要求與該投資方案風險類似證券之期望報酬率　(C)投資方案貸款的利率　(D)銀行基本放款利率。

(　) 55.假設甲公司之股利預期將以每年 3% 的固定成長率增加下去，預計下一次（一年之後）的股利金額為 $10，再假設資金成本率為 8%，試問目前股票的價值應為多少？　(A)$100　(B)$200　(C)$800　(D)$1,000。

(　) 56.某公司的股利預計將以每年 g% 的固定成長率增加下去，目前的股票價格為 $50，資金成本率為 16%，下一次發放股利的時間是在一年以後，預計之金額為 $5，請問 g 為多少？　(A)4　(B)8　(C)6　(D)16。

(　) 57.假設一公司帳面的股東權益報酬率（Return on Equity）為 25%，該公司每年將其所賺得盈餘之 30% 發放給股東，試問該公司的盈餘及資產的成長率將是多少？　(A)8%　(B)17.5%　(C)16%　(D)33%。

(　) 58.成長股的本益比高是因為：　(A)投資人對於每股盈餘暫時偏低的股票仍願意以較高的價格購買　(B)成長股的資金成本率較低　(C)成長股的股利發放

率較高 (D)投資人願意為了公司未來較高的每股盈餘而支付較高的價格。

( ) 59.一個企業經營的目標通常應是下列何者？ (A)儘量賺取最高的報酬率 (B)將市場佔有率極大化 (C)將利潤極大化 (D)將股東的財富（即公司價值）極大化。

( ) 60.假設你於一年前購得一股票，成本為 $40，目前的價格為 $43（已除息），而且你剛接到 $3 的現金股利，請問報酬率為多少？ (A)5.33% (B)8.00% (C)15.00% (D)18.00%。

( ) 61.我們常用貝他（beta）來計算： (A)一公司股票報酬率之標準差 (B)一公司股票報酬率之變異數 (C)一公司的資金成本率 (D)無風險利率或市場期望報酬率。

( ) 62.假設一公司普通股的貝他（beta）為 1.3，若無風險利率為 7%，且市場風險溢價為 10%，則其期望報酬率為多少？ (A)10.8% (B)16% (C)20% (D)28%。

( ) 63.假設有一股票之報酬率在市場報酬率為正時，其皆為負，且市場報酬率為負時，它皆為正，則此股票的貝他（beta）值： (A)大於 0 (B)等於 0 (C)小於 0 (D)資料不足，無法判斷。

( ) 64.下列何者不會影響貝他（beta）值的高低？ (A)營業槓桿 (B)財務槓桿 (C)會計的政策 (D)營收之循環性。

( ) 65.一公司盈餘循環性大是指： (A)其固定成本較高 (B)其售價較高 (C)其財務槓桿程度高 (D)營收型態與經濟循環關係大。

( ) 66.下列何種產業的貝他（beta）值可能較低？ (A)公用事業 (B)電子業 (C)建築業 (D)鋼鐵業。

( ) 67.計算現金流量現值為能考慮各期的風險應從何項調整估計著手？ (A)現金流量 (B)折現率 (C)風險貼水（Risk Premium） (D)以上皆可調整。

( ) 68.下列何者與系統性風險無關？ (A)通貨膨脹 (B)匯率變動 (C)公共建設支出 (D)公司會計政策改變。

( ) 69.下列何種事件會增加公司的淨營運資金？ (A)買地準備蓋廠 (B)減少賒銷的比重 (C)縮小生產線的規模 (D)向銀行取得長期資金償還應付帳款。

( ) 70.下列有關資金成本敘述，何者為真？ (A)公司使用保留盈餘為內部權益資金，應設算權益資金成本 (B)對公司經營者而言，權益資金較債務資金成本為高，其因是權益資金財務風險較高　(C)當一企業長期維持一理想之資本結構時，若其所欲執行之投資案的資金來源全部來自保留盈餘時，所應使用之折現率應為該公司之權益資金成本　(D)當其他條件不變下，則所得稅稅率愈高，其加權平均資金成本也愈高。

(　) 71.若大同科技公司擴建廠房之資金成本 13.5%，已知權益資金成本是 15%，所得稅率是 25%，已知公司負債權益比率是 1：4，且該公司新廠房的資金來源為銀行貸款，試問該公司舉債利息為何：　(A)15%　(B)10%　(C)9.6%　(D)8%。

(　) 72.一公司發行新股票以取得資金是在下列哪一種市場進行？　(A)初級市場　(B)次級市場　(C)三級市場　(D)店頭市場。

(　) 73.碩碩擁有華華公司股份 1,000 股，每股市價為 $50，如果公司分配股票，股利之配股率為 20%，則其擁有之新股，每一股值多少？　(A)$44.32　(B)$50　(C)$22.50　(D)$41.67。

(　) 74.台灣公司的股利分配率預定為 20%，EPS＝8 元，則其每股現金股利將為何？　(A)6.46 元　(B)1.6 元　(C)0.4 元　(D)0.64 元。

(　) 75.若華邦電目前股價為 78 元，公司發放股票股利 3 元，則除權後華邦電之市價為何？　(A)45 元　(B)60 元　(C)75 元　(D)81 元。

(　) 76.投資計畫評估現金流量應採何基礎？　(A)稅前　(B)稅後　(C)稅盾效果　(D)機會成本。

解答：

1.	B	2.	A	3.	C	4.	D	5.	D
6.	A	7.	A	8.	C	9.	C	10.	D
11.	C	12.	B	13.	B	14.	B	15.	B
16.	B	17.	B	18.	A	19.	C	20.	C
21.	C	22.	A	23.	A	24.	D	25.	A
26.	B	27.	A	28.	C	29.	B	30.	B
31.	A	32.	B	33.	B	34.	D	35.	A
36.	B	37.	D	38.	D	39.	B	40.	D
41.	D	42.	C	43.	C	44.	D	45.	B
46.	B	47.	D	48.	B	49.	D	50.	B
51.	A	52.	D	53.	D	54.	B	55.	B

56.	C	57.	D	58.	D	59.	D	60.	C
61.	C	62.	C	63.	C	64.	C	65.	D
66.	A	67.	D	68.	D	69.	D	70.	A
71.	B	72.	A	73.	D	74.	B	75.	B
76.	B								

第十一章

財務預測

一、預算

企業目標一旦設立後，各部門主管必須研究，自己的部門是否有能力達成目標？能否為企業創造利潤？要回答這些問題前，要先把企業營業計畫目標和行動加以量化，將其量化為有形的金額，這就是預算的目的。預算就是估計企業在預算期間內需要多少財務資源及所採取所有行動的財務成果，換言之，預算就是將所欲達成的目標擬定計畫，以數字加以表達，俾利計畫之協調與執行，及績效考核，它是以財務術語及數量單位來表達的未來計劃，包含了在未來某段期間內財務及其他資源之取得與運用的詳細計畫，訂定預算的過程稱為編製預算（Budgeting），由於一般企業之預算著重利潤目標的達成，因此預算亦被稱為利潤規畫（Profit Planning）。

預算（Budget）和預測（Forecasts）應加以區分，預算係指管理當局努力企圖達成的利潤水準或目標，而預測指組織單位所預期發生的活動，如對特別產品的需求是預測，那麼詳列收入與成本的銷貨預算可以以產品需求的預測為基礎來編製。

周全的預算為一項相當艱難的工作，蓋因外在力量（如科技、競爭者行動、經濟、消費者偏好、社會態度及政治因素等之變動）常對企業產生重大影響，而這些力量又非企業所能控制。

(一)預算的功能

1. 規劃功能

企業的經營有其既定之目標及達成目標的途徑與方法，預算可強迫管理人員事先面對未來，及早發掘潛在瓶頸，並妥為規劃以因應未來環境的變化。

2. 溝通與協調的功能

預算的編製係站在企業整體的立場，對各部門之預算方案做綜合性的溝通與協調，從而決定企業的整體目標，因此藉由編製預算的過程，管理人員可統合各部門的目標及活動，以確保部門的計畫目標與企業整體利益相配合。

3. 資源分配功能

企業的資源是有限的，如何讓各部門皆能以最少的資源以達成預定的產出，一直是管理人員關注的問題，透過預算管理人員可以對資源做最適的分配，如將資源分配給獲利最高的部門，以降低無效率或浪費的情形。

4. 控制功能

預算即是一項標準，就預算與實際結果加以比較，管理人員可以分析差異發生的原因，進而採取更正行動，此外管理人員在計畫執行過程中，可以隨時將實際發生的情況與預期成果相比較，並在差異發生時及時予以修正，以促使計畫順利完成。

5. 績效評估的功能

預算代表企業在某特定期間的既定目標，經由實際結果與此既定目標（預算）之比較，管理人員可以評估各部門及企業整體在該期間之作業績效。

6. 激勵功能

預算的編製能使各部門相關人員共同參與，則因各項預算係由各部門相關人員親自參與之下所共同制訂，較易獲得認同，進而產生激勵員工自動自發努力達成工作目標之效果。

(二)預算的缺點

預算的功能甚為明顯，惟其本身仍有若干的限制和缺點值得注意：

1. 預算非精確的科學

任何估計均含有某種程度的判斷，由於預算是在預測未來現象，因此當預算發生偏差足以導致計畫改變時，即須修正估計數。

2. 個人目標未必符合企業整體目標

若預算所激勵個人所採取之行動並非最有利企業組織的行動，則該預算並不適當，不管預算系統如何複雜，預算有效性視其如何影響人類行為和態度。

3. 管理當局言而不行

預算的規劃亟需各管理階層的參與及合作，若高階管理當局不能持續支持預算過程，低階管理當局容易將預算過程視為一項無意義的活動，則預算的價值將降低。

4. 可能導致反功能決策

被評估的管理者可能會試圖建立較寬鬆的預算，從而做財務結果與預算的比較時，使其工作成果看起來較佳，或採取某些行動使企業達到個人目標要花費高昂成本，將導致企業部門間協調不良。

(三)預算的編製

1. 建立假設

編製預算的第一步是建立一組與未來相關的假設，建立假設應該掌握最佳資訊來源，如管理當局對策略目標要有清楚的輪廓，財務團隊則握有過去財務績效及未來經濟趨勢的記錄，人力資源部要掌握勞動市場變動資訊，透過業務代表能得到有關銷售前景的最佳資訊，採購部門有最新供應商及價格趨勢的資訊，建立假設需要企業上下的投入。

2. 編製營業預算（Operating Budget）

只以金額和數量，表示企業未來一段期間可能交易行為的收入與費用的預期結果，內容包括下列各種預算：

銷貨預算（表一）

生產預算（表二）

直接材料用料預算（表三、表五）

直接材料購貨預算（表四）

直接人工預算（表六）

製造費用預算（表七、表八）

銷售費用預算

管理費用預算

其他收入及支出預算

預計損益表（表十二）

預算流程：

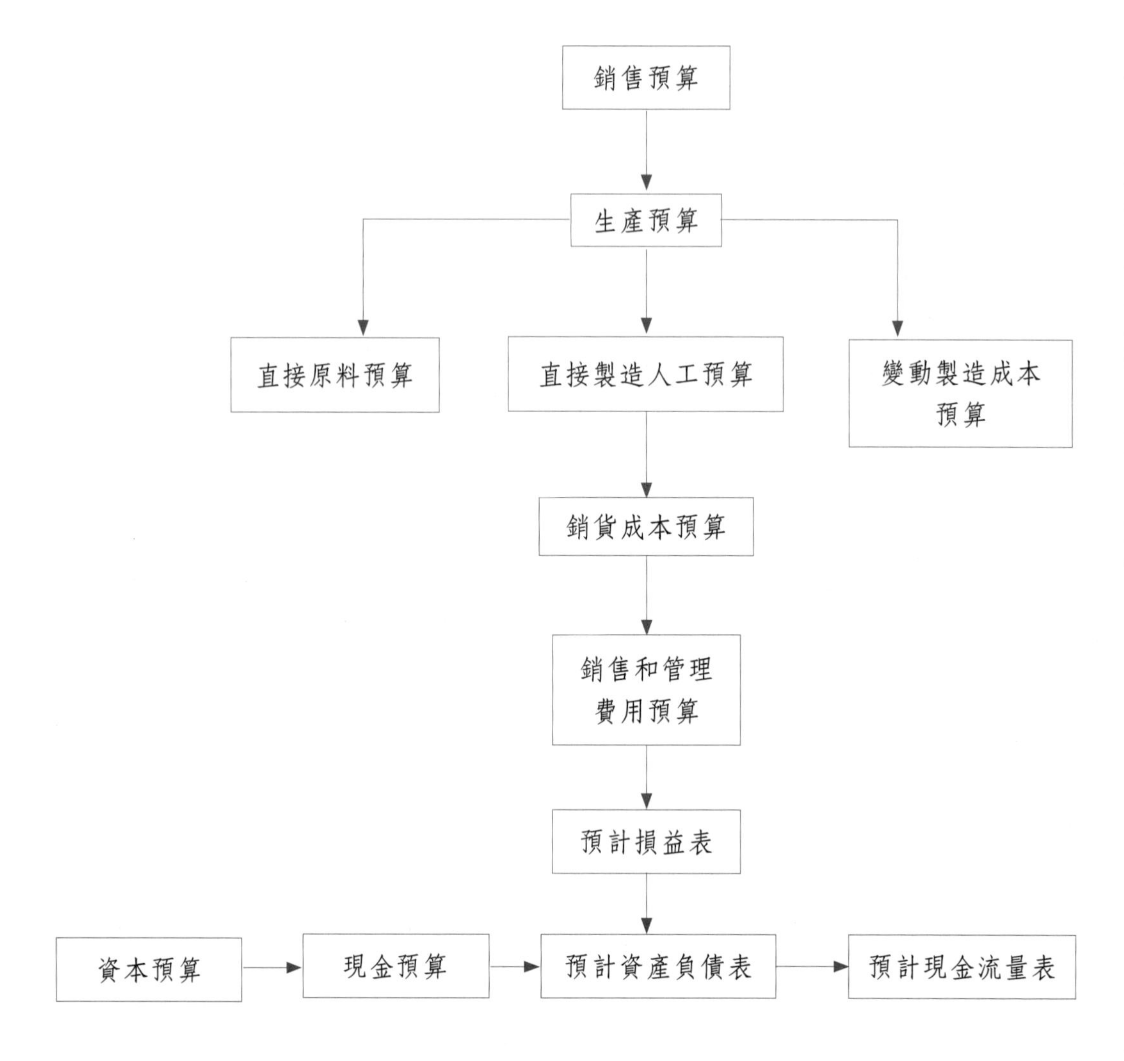

3. **財務預算**（Financial Budget）

表示企業取得與使用資金的計畫，內容包括：

直接材料存貨明細表（表十）

製成品存貨明細表（表十）

應收帳款預算

應付帳款預算

資本支出預算

現金預算（表十四）

預計資產負債表（表十三）

預計現金流量表

例：

假定 W 公司生產 A 產品，並在北部和南部銷售，生產 A 產品需要投入材料 X：12 單位，材料 Y：5 單位，下一年度各項估計數為：

(1)銷貨：

產 品	北 部	南 部	售 價
A	4,000 單位	3,000 單位	$200／每單位

(2)存貨：

材 料	期初存貨	期末存貨	單位成本
X	30,000	40,000	$1
Y	10,000	12,000	$14
製成品	200	2,500	$2.5

(3)需用人工時數 0.5 小時，及每小時工資率 $8

(4)預計製造費用：

	估計固定費用	變動費用率／每機器小時
間接材料	$5,000	$0.35
間接人工	25,000	0.5
設備折舊	7,500	–
維修費用	2,000	0.1

(5)製造每單位產品需 0.8 機器小時。

(6)營業費用：行銷費用 $256,790；管理費用 $129,427。

(7)所得稅率 40%

編製預算：

(1)銷貨預算：

表一

W 公司
銷貨預算
2008 年 1 月 1 日至 12 月 31 日

	北 部	南 部	合 計
數 量	4,000	3,000	7,000
單 價	$ 200	$ 200	$ 200
合 計	$800,000	$600,000	$1,400,000

(2)生產預算：

表二

W 公司
生產預算
2008 年 1 月 1 日至 12 月 31 日

	產品 A
預計 2008 年銷貨量	7,000
加：預計期末存貨數量	2,500
總需要量	7,500
減：期初存貨數量	2,000
預計生產數量	7,500

(3)製造預算：

(A)直接材料：

表三

W 公司
直接材料預算（按單位）
2008 年 1 月 1 日至 12 月 31 日

	材料	
產品A	X	Y
預計製造單位數	7,500	7,500
單位用料量	12	5
所需材料	90,000	37,500

表四

W 公司
進貨預算
2008 年 1 月 1 日至 12 月 31 日

	材料	
	X	Y
生產需要單位數	90,000	37,500
加：預計期末存貨數量	40,000	12,000
需要單位數	130,000	49,500
減期末存貨數量	30,000	10,000
應採購量	100,000	39,500
單位成本	$1	$14
總進貨成本	$100,000	$553,000
合計		$653,000

表五

W 公司
生產預算所需材料成本
2008 年 1 月 1 日至 12 月 31 日

	材料	
	X	Y
生產需用材料數量	90,000	37,500
單位成本	$1	$14
合計	$90,000	$525,000

(B)直接人工預算：

表六

W 公司
直接人工預算
2008 年 1 月 1 日至 12 月 31 日

	產品 A
預計製造數量	7,500
每單位時數	0.5
需用人工時數	3,750
每小時人工成本	$8
人工成本合計	$30,000

(C)製造費用預算：

表七

W 公司
預估機器小時
2008 年 1 月 1 日至 12 月 31 日

	產品 A
預計製造單位數	7,500
每單位所需機器小時	0.8
總估計機器小時	$6,000

表八

W 公司
估計製造費用分攤率
2008 年 1 月 1 日至 12 月 31 日

	固定成本	變動成本率	估計作業量	變動成本	合計
間接材料	$5,000	$0.35	6,000	$2,100	$7,100
間接人工	25,000	0.5	6,000	3,000	28,000
設備折舊	7,500	–	–	–	7,500
維修費用	2,000	0.1	6,000	600	2,600
製造費用總計					$45,200
分攤基礎／機器小時					6,000
製造費用分攤率／機器小時					$7.53
分攤基礎／每單位					7,500
製造費用分攤率／每單位					$6.03

(D)產品單位成本：

表九

W 公司
產品單位成本
2008 年 1 月 1 日至 12 月 31 日

	投入數量	單位成本	產品 A 單位成本
材料			
X	12	$1	$12
Y	5	14	70
合計			$82
直接人工	0.5	8	4
製造費用分攤			6.03
總單位成本			$92.03

(E)期初及期末存貨：

表十

W 公司
期初及期末存貨
2008 年 1 月 1 日至 12 月 31 日

	期初存貨			期末存貨		
	數量	單價	金額	數量	單價	金額
材料						
X	30,000	$ 1	$ 30,000	40,000	$ 1	$40,000
Y	10,000	14	140,000	12,000	14	168,000
合計			$170,000			$208,000
製成品	2,000	2.5	5,000	2,500	92.03	230,075
總計			$175,000			$438,075

(4)銷貨成本預算：

表十一

W 公司
製造成本及銷貨成本預算表
2008 年 1 月 1 日至 12 月 31 日

材料：	
期初存貨	$170,000
加：進貨	653,000
可用材料總額	$823,000
減：期末存貨	(208,000)
材料耗用成本	$615,000
直接人工	30,000
製造費用	45,200
總製造費用	$690,200
加：期初製成品存貨	5,000
可供銷售商品	$695,200
減：期末製成品	(230,075)
銷貨成本	$465,125

(5)預計損益表：

表十二

W 公司 預計損益表 2008 年 1 月 1 日至 12 月 31 日		
銷貨收入		$1,400,000
銷貨成本		(465,125)
銷貨毛利		$934,875
營業費用：		
行銷費用	$256,790	
管理費用	129,427	(386,217)
稅前純益		$548,658
減：預計所得稅（40%）		(219,463)
純益		$329,195

(6)預計資產負債表：

表十三

W 公司
預計資產負債表
2008 年 1 月 1 日至 12 月 31 日

資產			負債及股東權益	
現金		$249,375	流動負債	$300,000
應收帳款	$370,260		長期負債	700,000
減：備抵壞帳	(7,400)	362,860	普通股股本	1,000,000
存貨			保留盈餘	1,236,440
製成品	$230,075			
材料	208,000	438,075		
廠房及設備	2,604,740			
減：累積折舊	(418,610)	2,186,130	負債及股東權益	
總資產		$3,236,440	總額	$3,236,440

4. **資本預算**（Capital Budget）

為實現未來利益，而將資源長期投入，資本預算的編製是決策制訂功能最重要部分之一，設備改良及廠房擴充計畫，應與來自內部營業及外部來源之有限資金相配合，每項支出所需的資金多寡及投資收回期間長短，都需要縝密的分析。為減少資本支出的錯誤，企業設有明確的程序，以便在投入資金之前先行評估整個計畫，執行控制對每一項資本支出予以評估、分析，通常可採行的評估方法有回收期間法、淨現值法（NPV）、內部報酬率法（IRR）、會計報酬率法。

5. **現金預算**（Cash Budget）

現金預算是在預算期間內對預期現金收入和支出的詳細估計，企業既須保留足夠的現金，以應日常業務所需，又不宜保留過多現金，形成資金呆滯損及利潤，有效的現金管理指在最有利的時機下，在最適合的地點，擁有最適當的現金數額。

一般現金預算可由四個部分組成：

(1)現金收入：

包括期初現金餘額和預算期內各項預計現金收入，最主要現金收入來自銷貨收入。

(2)現金支出：

預算期內全部的預計現金支出，如採購原料、支付員工薪資、各種製造費用、行銷與管理費用等，此外還包括長期資產購置、投資與償債、支付企業所得稅或股利等支出。

(3)現金結餘或短缺：

各期間內全部現金收入與全部現金支出間的差額，若現金收入大於現金支出，將有現金結餘；若現金收入小於現金支出，則為現金短缺，必須透過借款或其他融資手段予以彌補。

(4)融資方案：

對預計現金結餘或短缺的處置方式，顯示有關的借款利息或其他融資成本，有助管理當局規劃各種必要與可能的融資方案，以便及時取得所需貸款。

表十四

101 年現金預算	第一季	第二季	第三季	第四季	全　年
期初現金餘額	$42,500	$40,000	$40,000	$40,500	$42,500
現金收入					
銷貨收現	230,000	480,000	740,000	520,000	1,970,000
可供使用現金合計	$272,500	$520,000	$780,000	$560,500	$2,012,500
減：現金支出					
直接材料採購	49,500	72,300	100,050	79,350	301,200
直接人工	84,000	192,000	216,000	114,000	606,000
製造費用	68,000	86,800	103,200	76,000	344,000
行銷管理費用	93,000	130,900	184,750	129,150	537,800
所得稅	18,000	18,000	18,000	18,000	72,000
設備購置	30,000	20,000	—	—	50,000
股利支付	10,000	10,000	10,000	10,000	40,000
現金支出合計	$352,500	$540,000	$632,000	$426,500	$1,951,000
現金結餘（短缺）	$(80,000)	$(20,000)	$148,000	$134,000	$615,000
融資方案					
借款（期初）	$120,000	$60,000	—		180,000
還款（期末）	—	—	(100,000)	(80,000)	(180,000)
利息（利率 10%）	—	—	(7,500)	(6,500)	(14,000)
融資額合計	$120,000	$60,000	$(107,500)	$(86,500)	$(14,000)
期末現金餘額	$40,000	$40,000	$40,500	$47,500	$47,500

(四)預測性分析的意義

係一項動態性分析，就企業過去之資料，配合企業公開發布的各項營運計畫與財務計畫，預測企業未來的現金流量、經營結果與財務狀況。

1. 短期現金預測

指企業在未來一段極短的時間內，對現金流入與流出加以預估，以分析企業的短期償債能力和流動性，短期現金預測是衡量短期流動性的關鍵，資產之所以稱為「流動」，係因其將於當期內轉換成現金，短期現金預測的分析會顯示企業是否有能力按計畫償還短期借款，因此此分析對潛在的債權人非常重要。但現金流量預測的正確性與預測期間成反比，因此，短期現金預測僅著重在流動資產與流動負債的變現分析（如應收帳款的收現或人工、原料成本的付現）。

2. 長期現金預測

長期現金預測的目的，為評估管理當局及計畫執行情形，以便瞭解管理當局的策略及績效，有利於完整的分析。步驟有二：(1)分析以前年度的現金流量；(2)預估未來現金流量的來源與用途。著重在純益及營業、投資、籌資活動所產生的現金流量預測。

瞭解編製預算的流程、邏輯及各假設條件對編製預算的影響，在解讀企業財務預測資訊時，便知如何合理質疑編製所依據的假設條件，是否不切實際或誇大以及推算過程有無重大疏漏，並非只看數字的結果及計算對錯。

二、財務預測

『財務預測』，是指公司的管理當局依照其所計畫的目標以及經營的環境，對公司未來財務狀況、經營成果及現金流量所作出的最適估計。所以公司的管理當局應對財務預測負最終責任。公司內部每年都會對於重大投資計畫與籌資計畫事先評估和規劃，在規劃的同時必須先瞭解市場的大環境和產業動態，來做出最佳的決策。我國財務預測制度從民國 80 年 5 月開始實施，並於民國 82 年 12 月發布實施「公開發行公司財務預測資訊公開體系實施要點」。而此實施要點於 86 年 1 月 29 日曾做第一次修訂，擴大強制公開範圍及增加揭露資訊。並於民國 91 年 11 月 14 日發布實施「公開發行公司公開財務預測資訊處理準則」。而此準則於 93 年 12 月 9 日修正；101 年 6 月 25 日修正第 2 條所屬管轄機關；101 年 8 月 22 日再次修正，並於 102 年會計年度施行。

第一節 財務預測的類型

原先制度規定上市櫃公司強制公開財務預測，而強制性公開財務預測造成某些企業期初預估賺錢，但到了期末卻宣布調降財測甚至預估會虧損。財務預測的可靠性受到了嚴苛的考驗。從 94 年起公開發行公司財務預測採自願性公開的方式進行。不過在某些情況下，金管會可以要求公司公開財務預測。例如，公開發行公司未依公開發行公司公開財務預測資訊處理準則所定方式，而於新聞、雜誌、廣播、電視、網路、其他傳播媒體，或於業績發表會、記者會或其他場所發布營業收入或獲利之預測性資訊者，金管會得請公司依規定公開完整式財務預測。

公開發行公司得依下列方式之一公開財務預測：

一、簡式財務預測

公開發行公司編製財務預測，應提供營業收入、營業毛利、營業費用、營業利益、稅前損益、每股盈餘及取得或處分重大資產等預測資訊，及會計政策與財務報告一致性之說明；各項目之金額得以單一數字或區間估計表達，且須說明其基本假設及相關估計基礎。公開發行公司更新（正）財務預測者，除應依前項規定內容揭露外，尚應增加揭露其更新（正）之原由及對預測資訊之影響。財務預測資訊由公開發行公司自行決定公開時點，預測涵蓋期間至少一季，但得以季為單位公開超過一季之預測資訊。

二、完整式財務預測

公開發行公司編製財務預測應參照歷史性基本財務報表之完整格式，按單一金額表達，並將最近二年度財務報表與本年度財務預測併列。

第二節

財務預測編製準則

編製財務預測時須對未來發展最可能結果先作出一些基本假設。企業可依據市場調查資訊、總體經濟指標及產業景氣資訊、歷年營運趨勢及型態、內部資料等，彙總分析以擬定基本假設。財務預測的好壞取決於基本假設之優劣，所以財務預測應基於適當之基本假設，不宜太過樂觀或保守。若是對於財務預測的一些重要基本假設能適當揭露，必定對提高財務預測的有用性有很大的幫助，因此應揭露財務預測所依據的重要假設以及該假設之基礎。

財務預測應揭露的假設通常包括：

1. 公司的財務預測可能會產生的差異，並應揭露對未來結果有重大影響之假設。
2. 預期發生的情況與實際產生的情況會有重大不同之假設。
3. 對預期資訊具有重要性之其他事項。

公開發行公司所編製的財務預測，應該要提供營業收入、營業毛利、營業費用、營業利益、稅前損益、每股盈餘及取得或處分重大資產等預測資訊，及會計政策與財務報告一致性之說明；各項目之金額可以使用單一數字，例如，1,000,000 或區間估計表達，例如，1,000,000～1,500,000，並且要說明基本假設的基礎及相關估計的基礎。現行公開發行公司財務預測之編制已遵循「公開發行公司公開財務預測資訊處理準則」之規範，以下為財務預測編製和揭露須注意之處：

1. 財務預測往往涉及眾多不確定因素，例如，營收成長率、產品價格，如果不是基於合理假設基礎以及適切之注意，財務預測資訊容易產生誤導投資人，故公司的管理當局編製財務預測時，應該要本著誠信原則避免過度樂觀或悲觀，而誤導使用者之判斷。

   誠信原則係指企業應建立合理適當之假設，盡專業上應有之注意，適當揭露有關資訊等。
2. 財務預測應由合適人員審慎編製，以確保財務預測資訊品質之合理可靠。合適人員通常係指對企業及產業有充分之認識，且對生產、行銷、會計、財務、研究、環保、工程或其他方面具有專長之人員。
3. 財務預測應採用適當的會計原則編製，並且與交易事項若實際發生入帳時所預期會採用之會計處理相一致。

   企業管理當局若預期將來會改變會計原則時，也應將其反映於財務預測中。
4. 編製財務預測時所引用之攸關資訊來源眾多，包括企業內部及外部資訊。企業應建立有效之財務預測程序，以蒐集當時合理可用之最佳資訊，作為建立適當假設之依據。
5. 編製財務預測時所引用之各項資訊，其可靠性不同，所以公司的管理當局於編製財務預測的過程中應考慮各項基本資料之可靠性及攸關性，並應審慎考慮資訊之適當性。

6. 資訊之取得通常均需花費成本，因此在蒐集資訊時，應同時考慮其成本與預期效益。

7. 財務預測之編製常需引用大量資料，並經繁複計算，易滋錯誤；且其編製過程，缺乏歷史性財務報表編製過程中類似之自動校正及平衡之功能，故財務預測過程應建立防範、偵測及更正此類錯誤發生之程序。

8. 企業應依其營運計畫所預期之結果以編製財務預測。企業編製財務預測時，應確認與營運相關之關鍵因素，並為其建立合理假設以作為財務預測之基礎。

9. 財務預測結果對假設變動之敏感度可能不同，有些假設如稍有變動即可能對預測財務結果造成重大差異，有些假設則雖有重大變動亦僅造成預測財務結果之小幅差異。因此，為避免預期結果產生重大差異，財務預測過程應審慎注意具有下列二種性質之假設：

 · 對預測結果相當敏銳之假設。亦即，假設稍有差異可能重大影響預測結果者。
 · 產生差異可能性很高之假設。

 此種假設應經企業高層人員研究、分析及複核。

10. 財務預測結果應定期與實際結果做比較，並分析其差異，以改進預測方法。作定期比較時，不僅包括整體財務結果、亦應包括關鍵因素及基本假設，如銷售數量、價格及生產率等。

11. 財務預測之書面文件應經相關部門主管之複核及核准，並確定財務預測資訊是否按本公報之規定編製。

第三節

財務預測的揭露

1. 財務預測最好可以參照去年的財務報表格式編製。如果沒有按照完整格式表達時，則財務預測所表達之項目至少應該包括下列各項：

(1)銷貨收入

(2)銷貨成本

(3)繼續經營部門損益

(4)所得稅

(5)淨利

(6)每股盈餘

(7)財務狀況之重要變動

(8)企業之財務預測係屬估計，將來未必能完全達成之聲明。

(9)重要會計政策之彙總說明

(10)基本假設之彙總說明

上述第(1)至(10)係屬揭露事項，為財務預測之一部分。

2. 財務預測應該每頁都標明「預測」及「參閱重要會計政策及基本假設彙總」之字樣，以讓報表使用者知道這報表是財務預測而不是財務報表，並且編製財務預測的重要會計政策以及會計基本假設都應該彙總說明。
3. 編製財務預測所使用之重要會計政策都要彙總揭露，讓報表使用者明瞭公司所使用的會計原則。如遇到會計原則有變更時，亦應加以揭露，並說明改變的原因。
4. 財務預測應揭露其編製完成之日期。
5. 財務預測的金額表達方式，通常按單一金額表達，例如，銷貨收入10,000,000，但亦得按上下限金額表達，例如，10,000,000～15,000,000。上下限之幅度愈大，表示公司的管理階層對於未來的預測充滿不確定性。不確定程度愈高，則上下限幅度愈大。若是幅度過大，似乎財務預測的功 能就不復存在了。因為財務預測的用意是要讓投資人明白公司的未來如何，若上下限幅度過大，則有預測跟沒預測可說是差不多，就較不具意義。
6. 財務預測之涵蓋期間通常以一年為準，公司以可以發布以季為基礎的財務預測，亦得考慮對使用者之有用性及企業管理當局之預測能力而加以延長或縮短。

7. 企業公布本年財務預測時，得將以前年度之財務報表及財務預測並列，以利使用者分析比較，惟應標示清楚財務預測的部分以及歷史性財務資訊。

第四節

預計財務報表的編製

一般來說，預計財務報表的編製是以銷貨收入的預測為開始點。

(一)收入

預估銷貨收入通常是以過去幾年的銷售情形來估計未來的成長率。而可能要考量的因素還有階段機器設備的產能水準，若是預估未來需要量呈現大量成長時，則公司的資本支出也必須增加，才有辦法購買新的機器設備來投入生產以符合思考邏輯。或者是參考同業所預估的成長率來估計銷貨收入。但是除了估計成長率以外還必須考量產品的單位售價，尤其是現在的產業競爭環境，產品推陳出新的速度迅速，產品售價的降幅是一項蠻重要的考量因素。

(二)費用與盈餘

預估銷貨成本時必須考量公司大規模採購原料是否能有效的降低成本，銷貨成本通常與銷貨有密切的關聯性。至於營業費用的預估應該要逐項分析。像是折舊費用，若公司的會計政策採用平均法則僅要考量新購入的固定資產，因為舊的固定資產其折舊金額一樣。至於研究發展支出的估計，公司往往會有一定的比率，例如，銷貨收入的 10% 或是較上期的研究發展支出呈一固定比率遞增，所以只要以上一期的研發費用就能預估下一期的研發費用，具有長期的關聯性。利息費用的預估，應評估公司有無舉債計畫或償債計畫。當完成銷貨收入、銷貨成本以及相關的費用後，就可得知預期的銷貨毛利和淨利，來編製預計損益表。

(三)資產負債預測

預計資產負債表的編製，通常無需進行額外的假設。主要是參酌預計損益表及預計現金流量表中的營運活動、投資活動與籌資活動的規劃，來調整會影響資產、負債以及股東權益的金額就可完成。像是公司預估明年的銷售量成長，則公司的存貨和應收帳款可能就會增加，存貨增加的原因是為了顧客的需求，所以存貨量提高，應收帳款提高的原因是銷貨收入增加而公司的收款政策若是未改變的話，相對的應收帳款也會增加。公司預估未來的需求強勁，勢必會提高資本支出，而資本支出的增加，公司的廠房、機器設備也會增加。公司的實收資本額小，則資本支出往往必須透過舉債來達成，此時負債科目會增加。而股東權益項目則考量公司是否有增資計畫。

(四)現金流量預測

藉由預計損益表和預計資產負債表通常可編製出預計現金流量表。也就是說，預計現金流量表的項目，大多可由預計損益表及資產負債表上的資料與上一年度資料相比較就可得算出。

舉例說明如下：

○○○○股份有限公司

預計資產負債表

民國 98 年 12 月 31 日　　單位：新台幣千元

	預測	比較性歷史資訊	
	98.12.31	97.12.31	96.12.31
資產			
流動資產			
現金及約當現金	149,571	137,008	102,959
短期投資	194,815	135,524	172,190
應收票據及帳款	854,966	1,026,198	549,292
應收關係人款	——	1,055	212
存貨淨額	58,337	76,097	33,100
預付費用及其他流動資產	98,124	25,663	28,453
流動資產合計	1,355,813	1,401,545	886,206
長期投資	89,686	87,215	10,771
固定資產			
土　地	435,846	435,846	365,019
建築物	473,950	50,607	50,607
電腦設備	62,712	67,328	69,970

交通設備	2,208	2,208	2,208
辦公設備	11,550	13,692	13,859
租賃改良	6,700	6,937	6,199
雜項設備	18,884	884	708
在建工程	——	261,515	51,578
預付設備款	575	575	23,877
	1,012,425	839,592	584,025
減：累計折舊	(69,247)	(47,825)	(35,323)
固定資產淨額	943,178	791,767	548,702
其他資產	78,650	86,138	36,902
資產總計	**$ 2,467,327**	**2,366,665**	**1,482,581**
流動負債：			
短期借款	$ 100,000	308,990	——
應付票據及帳款	443,849	527,383	213,697
應付關係人款	——	21,094	2,312
應付費用及其他流動負債	176,500	224,395	192,896
流動負債合計	720,349	1,081,862	408,905
應付公司債	500,000	——	——
長期借款	——	300,000	300,000
應計退休金負債	51,902	44,155	35,960
其他負債	——	——	6,103
負債合計	1,272,251	1,426,017	750,968
股東權益：			
股　本	800,000	647,000	441,688
資本公積	18,697	18,697	18,697
法定公積	84,222	63,217	40,142
累積盈餘	290,733	210,420	230,833
累積換算調整數	1,424	1,314	253
股東權益合計	1,195,076	940,648	731,613
負債及股東權益總計	**$ 2,467,327**	**2,366,665**	**1,482,581**

○○○○股份有限公司
預計損益表
民國 98 年 1 月 1 日至 12 月 31 日　　單位：新台幣千元

	預測	比較性歷史資訊	
	98 年度	97 年度	96 年度
營業收入：			
銷貨收入	$ 2,637,533	2,395,634	1,347,075
銷貨退回	—	(37,529)	(29,933)
銷貨折讓	—	(1,531)	(1,902)
銷貨收入淨額	2,637,533	2,356,574	1,315,2403
勞務收入淨額	441,327	326,910	277,902
	3,078,860	2,683,484	1,593,142
營業成本：			
銷貨成本	(1,830,421)	(1,664,054)	(619,149)
勞務成本	(229,490)	(203,762)	(159,488)
	(2,059,911)	(1,867,816)	(778,637)
營業毛利	1,018,949	815,668	814,505
營業費用：			
銷管費用	(600,721)	(513,711)	(483,474)
研究發展費用	(93,716)	(84,519)	(67,792)
	(694,437)	(598,230)	(551,266)
營業淨利	324,512	217,438	263,239
營業外收入：			
利息收入	1,618	3,184	2,519
投資收益	2,362	—	—
處分投資利益	7,805	87	—
短期投資市價回升利益	—	8,186	—
其他收入	2,584	6,730	2,891
	14,369	18,187	5,410
營業外支出：			
利息費用	(18,137)	(55)	(2,575)
投資損失	—	(439)	(1,159)
處分固定資產損失	(3,749)	(3,764)	(3,053)
處分投資損失	—	—	(3,540)
其他支出	(2,866)	(1,432)	(10,941)
	(24,752)	(5,690)	(21,268)

稅前淨利	314,129		222,935		247,381	
所得稅費用	(25,571)		(19,884)		(16,628)	
本期淨利	**$ 288,558**		**210,051**		**230,753**	
	稅前	稅後	稅前	稅後	稅前	稅後
普通股每股盈餘（單位：新台幣元）						
基本每股盈餘	**$ 3.93**	**3.61**	**3.45**	**3.25**	**5.60**	**5.22**
稀釋每股盈餘	**$ 3.80**	**3.48**	**3.45**	**3.25**	**5.60**	**5.22**

○○○○股份有限公司

預計現金流量表

民國 98 年 1 月 1 日至 12 月 31 日　　單位：新台幣千元

	預測	比較性歷史資訊	
	98 年度	97 年度	96 年度
營業活動之現金流量：			
本期純益	$ 288,558	210,051	230,753
調整項目：			
折　舊	32,668	23,638	17,674
各項攤銷	4,426	3,615	2,720
依權益法認列之投資（利益）損失	(2,362)	439	1,159
提列（迴轉）短期投資跌價損失	—	(8,186)	8,186
呆帳損失	46,667	27,395	21,926
處分固定資產損失	3,749	3,764	3,053
固定資產失竊損失	—	318	919
其他資產報廢損失	1,003	67	—
應收票據及帳款（增加）減少	124,565	(504,301)	(298,093)
應收關係人帳款（增加）減少	1,055	(843)	3,134
存貨（增加）減少	17,760	(42,997)	(1,056)
預付費用及其他流動資產（增加）減少	(71,335)	5,656	(18,691)
遞延所得稅資產增加	(5,983)	(4,274)	(3,990)
應付票據及帳款增加（減少）	(83,534)	313,686	129,385
應付關係人款增加（減少）	(21,094)	18,782	2,198
應付費用及其他流動負債增加（減少）	(47,895)	31,499	24,043
應付退休金增加	7,747	8,195	6,612
營業活動之淨現金流入	295,995	86,504	129,932

投資活動之現金流量：			
短期投資（增加）減少	(59,291)	44,852	34,624
購置固定資產	(187,828)	(270,785)	(486,432)
出售固定資產價款	—	—	148
長期投資增加	—	(75,822)	(11,677)
其他資產（增加）減少	6,917	(51,510)	(2,963)
投資活動之淨現金流出	(240,202)	(353,265)	(466,300)
籌資活動之現金流量：			
短期借款增加（減少）	(208,990)	308,990	—
長期借款之增加（償還）	(300,000)	—	289,111
發放董監酬勞	(1,890)	(2,077)	—
發放現金股利	(32,350)	—	—
發行可轉換公司債	500,000	—	—
其他負債增加（減少）	—	(6,103)	6,103
籌資活動之淨現金流入（出）	(43,230)	300,810	295,214
本期現金及約當現金增加（減少）數	12,563	34,049	(41,154)
期初現金及約當現金餘額	137,008	102,959	144,113
期末現金及約當現金餘額	**$ 149,571**	**137,008**	**102,959**
現金流量資訊之補充揭露：			
本期支付利息（不含資本化之利息）	**$ 18,137**	**55**	**2,625**

重要會計政策之彙總說明

(一)約當現金

本公司所稱約當現金，係指隨時可轉換成定額現金且即將到期，而其利率變動對價值影響甚小之短期投資，包括投資日起三個月內到期或清償之商業本票。

(二)備抵呆帳

備抵呆帳之提列係依據評估授信客戶之帳齡及品質，以決定各應收款項之可收現性後，酌實提列。

(三)存貨

存貨以加權平均成本與淨變現價值孰低法評價。

(四)固定資產及其折舊

本公司之固定資產以購建時成本計值入帳。除土地外，各項固定資產之折舊以取得成本於估計耐用年限，以直線法計列。處分固定資產之利益（損失）列為當年度營業外收入（支出）。民國 89 年 12 月 31 日以前之處分固定資產利益尚須就其稅後淨額於當年度轉列資本公積。

為購建資產並正在進行，使資產達到可使用狀態前所發生之利息，予以資本化，分別列入相關資產科目。

(五)所得稅

所得稅的估計以會計所得為基礎，資產及負債之帳面價值與課稅基礎之差異，依預計迴轉年度之適用稅率計算認列為遞延所得稅：將應課稅暫時性差異所產生之所得稅影響數認列為遞延所得稅負債；將可減除暫時性差異、虧損扣抵及所得稅抵減所產生之所得稅影響數認列為遞延所得稅資產，再評估其遞延所得稅資產之可實現性，認列其備抵評價金額。

(六)普通股每股純益

基本每股盈餘係以屬於普通股股東之本期淨利除以普通股加權平均流通在外股數；流通在外股數若因無償配股所增加之股數，採追溯調整計算。稀釋每股盈餘係假設本公司所發行且具有稀釋作用之可轉換公司債均予轉換，所計算之每股盈餘。

重要基本假設彙總

(一)營業收入

本公司為專業之企業資源規劃套裝軟體之開發與銷售廠商，在營業收入方面除了標案部門銷售之電腦硬體及軟體外，幾乎都以 ERP 系統的銷售為核心。

根據情報中心民國 99 年 12 月的資料顯示，預估在民國 99 年到民國 101 年間，台灣市場將以年複合平均成長率 23% 的幅度成長；另由於國內景氣目前呈現逐季上升之趨勢，企業資本支出遲延狀況預期將會改善。

(二)營業成本

本公司根據營業收入之預測，考量人力規劃、採購市場趨勢作為估列基礎來預計營業成本。

(三)營業費用

本公司銷管費用主要為銷售及管理人員薪資及獎金、員工保險費用、折舊及廣告費用等，薪資係依組織編制及薪資結構並考慮年度調薪情形估計，獎金則視業績達成情形估列，折舊考慮資本支出計畫估計。本年度基於整體內外部經營環境考量，預估調薪幅度約 4%，且預期業績成長將使獎金發放之金額增加，加上投入廣告、參展預算等行銷活動亦預計較去年增加，故預計本年度之銷管費用較去年增加 87,010 千元，增加約 17%。

民國 100 年度預計研究發展費用為 93,716 千元，較民國 99 年度增加約 9,197 千元，主要係反映調薪及獎金之增加。

利息支出：本公司興建之辦公大樓預期將於民國 100 年度陸續完工，各項借款之利息支出也將停止資本化。為了取得長期資金、強化財務結構，本公司預計於民國 100 年 7 月發行可轉換公司債五億元，並將所得之資金大部分用於償還銀行借款，經考量上述因素，並參酌本公司目前之借款利率水準，本公司估列民國 100 年度利息費用為 18,137 千元。

(四)所得稅

本公司民國 100 年度預估稅前淨利 314,129 千元，依 17% 營利事業所得稅率估列，並減除研究發展支出等投資抵減金額後，預估民國 100 年度所得稅費用為 53,402 千元。

(五)發行公司債計劃

1. 本計畫所需資金總額：新台幣 5.7 億元。

2. 資金來源：

(1)自有資金新台幣 0.7 億元。

(2)發行國內第一次無擔保轉換公司債 5 億元。

面額：新台幣壹拾萬元整／張

票面利率：0%

總金額：新台幣五億元整。

第五節

財務預測的更正與更新

財務預測更正（Financial Forecasting Correction），係指財務預測發生錯誤，於發布後所作之修正。企業管理當局發現財務預測有錯誤時，應先考量是否誤導使用者之判斷。如有誤導之可能時，應公告說明該錯誤及原發佈之資訊已不適合使用，並盡速重新公告修正後之財務資訊。

財務預測更新（Financial Forecasting Update），係指因基本假設發生變動，而對已發布之財務預測所作之修正。當基本假設發生變動而對財務預測有重大影響時，企業管理當局應更新財務預測，並說明更新之理由，更新時，應重新分析關鍵因素及基本假設。如無法立即發布更新之財務預測時，仍應公告原先發布之財務預測已不適合使用及其理由。已公開財務預測之公司，應隨時評估敏感度大之基本假設變動對財務預測結果之影響，並按月就營運結果分析其達成情形並評估有無更新財務預測之必要；當編製財務預測所依據之關鍵因素或基本假設發生變動，致稅前損益金額變動 20% 以上且影響金額達新臺幣三千萬元及實收資本額之千分之五者，公司應依規定更新財務預測。

結　語

財務報表使用者可針對財務預測之資訊，來分析其各組成項目的合理性，並與同業的財務預測相比較，可得知該企業對於未來經濟情景的看法為較保守或樂觀的態度。財務預測之資訊，讓財務報表使用者不僅認識到企業的過去和現在，並對未來的經濟狀況和經營成果有個概括性的瞭解。

練習題

( ) 1. 一般而言，下列哪一項目和企業現金流量的預測有最密切的關係？ (A)預測之進貨金額 (B)預測之銷貨金額 (C)預測之營業費用金額 (D)預估資金成本。

( ) 2. 企業因基本假設發生變動，而對已發布的財務預測所做的修正，稱為：(A)財務預測更正 (B)財務預測更新 (C)財務預測更換 (D)財務預測追溯調整。

( ) 3. 下列關於財務預測的敘述，何者不正確？ (A)財務預測應包括「係屬估計，將來未必能完全達成」之聲明 (B)財務預測應於每頁標明「預測」字樣 (C)應標明財務預測所涵蓋的期間，但可不標明財務預測編製完成的日期 (D)編製財務預測所使用的重要會計政策應彙總揭露。

( ) 4. 如果要預測一企業短期現金流量，則現金流量表的哪一個項目可能提供較多的訊息？ (A)與營業活動有關的現金流量 (B)與投資活動有關的現金流量 (C)與融資活動有關的現金流量 (D)現金增減變動的淨額。

( ) 5. 財務預測結果對假設變動之敏感度可能不同，在預測過程中，應注意具有什麼樣性質的假設？A.稍有差異，即可能重大影響預測結果的假設；B.產生差異的可能性很高的假設。 (A)只有 A. (B)只有 B. (C)A. 和 B. 都是 (D)A. 和 B. 都不是。

( ) 6. 下列有關財務預測的敘述，何者正確？ (A)財務預測應根據現金基礎編製 (B)財務預測所使用的會計原則，與交易事項實際發生入帳時所預期採用的會計處理方式不需相同 (C)企業管理當局若預期將改變會計原則時，應將其反映於財務預測中 (D)財務預測編制人員不應包括生產、環保或工程方面的人員。

( ) 7. 下列哪些揭露事項是屬於財務預測的一部分？A.企業的財務預測係屬估計、將來未必能完全達成之聲明；B.重要會計政策的彙總說明；C.基本假設的彙總說明。 (A)A. 和 B. (B)B. 和 C. (C)A. 和 C (D)A.、B 和 C.。

( ) 8. 依照財務會計準則公報的規定，財務預測： (A)發布之後不能再修正 (B)可以加入敏感度分析 (C)和實際結果的誤差不能大於 10% (D)以上三項敘述都不正確。

(　) 9. 下列何者不是影響盈餘品質的因素？ (A)會計政策之選擇 (B)任意性成本 (C)政府法令 (D)選項 (A)(B)(C) 皆會有影響。

(　) 10. 下列敘述何者為真？ (A)營業收入的可預測性較其他收入為高 (B)其他收入的可預測性與非常損益一樣 (C)會計原則變動之累計影響數可預測性高 (D)上述兩者為真。

(　) 11. 下列敘述何者不是盈餘操縱動機？ (A)逃漏稅 (B)維持良好的產業關係 (C)增加管理人員的薪資紅利 (D)選項 (A)(B)(C) 皆可能是盈餘操縱的動機。

(　) 12. 和興公司生產電視，則下列哪些事件，可能會造成投資人降低對和興公司的盈餘預測？A.一般物價水準上漲 B.接到來自美國的大訂單 C.供應商宣布調升原料價格 D.主計處調降明年預估經濟成長率 (A)A.、C (B)C.、D. (C)A.、C.、D. (D)A.、B.、C.、D.。

(　) 13. 甲公司把下一期的銷貨當作本期的銷貨，為： (A)透過事件之發生或承認達到平滑之目的 (B)透過同期間之分攤達到平滑之目的 (C)透過分類達到平滑之目的 (D)盈餘操縱。

(　) 14. A.暫時性盈餘，B.企業風險，C.會計方法，哪些會影響盈餘的品質？ (A)A.、B (B)B.、C. (C)A.、C. (D)A.、B.、C.。

(　) 15. A.營業損益，B.稅前損益，C.稅後淨利，何者預測性較高？ (A)A. (B)B. (C)C. (D)相等。

(　) 16. 甲公司與乙公司為兩完全相同之公司，但對於某一項支出，甲公司予以資本化，而乙公司予以費用化，則對於純益的變動性，甲公司： (A)較高 (B)較小 (C)一樣 (D)無法比較。

(　) 17. A.地震損失，B.日常銷貨，C.折舊方法改變之累積影響數，D.購買產品生產用之原料，上述哪些為非經常性活動？ (A)A.、C. (B)C.、D. (C)A.、C.、D. (D)A.、B.、C.、D.。

(　) 18. A.時間因素，B.部門因素，C.損益項目因素，D.消費者因素，上列那些因素，為我們通常所採用來將盈餘分類加以預測？ (A)A.、B.、C. (B)B.、C.、D. (C)A.、C.、D. (D)A.、B.、C.、D.。

(　) 19. 資產負債表外負債愈多，則其盈餘品質： (A)愈高 (B)愈低 (C)沒有影響 (D)不一定。

( ) 20.某公司將一批進貨，開立兩張支票，跨越兩個會計年度，為：(A)透過事件之發生或承認達到平滑之目的 (B)透過不同期間之分攤達到平滑之目的 (C)透過分類達到平滑之目的 (D)盈餘操縱。

( ) 21.下列那一個項目可不須在財務報表之附註中表達？(A)關係人交易 (B)期後事項 (C)或有利益 (D)會計政策。

( ) 22.上市（櫃）公司在作財務預測時，必須將以下哪些因素列入基本假設 條件？A.股權投資損失；B.損益損益；C.利益變動 (A)只有 A. (B)只有 A. 與 B. (C)A.、B. 與 C. 都要列入 (D)A.、B. 與 C. 都不要列入。

( ) 23.關於財務預測，以下哪一項不正確？(A)依照目前規定，外國企業來台發行有價證券募集資金時，不用編製財務預測 (B)作銷貨收入估計只須考量內部業務人員估計的資料 (C)在不確定性較高的經營環境，企業製作、發布財務預測，訴訟風險會比較高 (D)上市（櫃）營建公司在作財務預測時，必須將營建工程收入未來的變動趨勢納入考量。

( ) 24.在缺少其他相關訊息時，基於以下哪一項假設性的消息，投資人最有可能提高其對五虎電腦未來各年度淨利的預測值？(A)五虎所宣告本年度每人營業收入金額超過先前投資人的預估值 (B)五虎所宣告本年度營業成本比率超過先前投資人的預估值 (C)五虎所宣告本年度營業比率超過先前投資人的預估值 (D)五虎所宣告本年度營業費用比率超過先前投資人的預估值。

( ) 25.下列對於盈餘品質之描述，何者不正確？(A)品質高的盈餘應該具備完整性、可靠性、穩定性及成長性的盈餘 (B)單一盈餘的數字足以分析公司現在的價值及其未來成長性 (C)在複雜資本結構下，應計算二種每股盈餘，基本每股盈餘（Primary EPS）及完全稀釋每股盈餘（Full Diluted EPS） (D)基本每股盈餘及完全稀釋每股盈餘差別在其他具稀釋性非約當普通股之影響。

( ) 26.下列對於影響盈餘品質的因素，何者正確？(A)會計方法的選擇 (B)資產變現之風險性 (C)現金流量與盈餘關係 (D)選項 (A)(B)(C) 皆是。

( ) 27.下列對於影響盈餘品質的因素之描述，何者不正確？(A)愈穩健保守的會計方法，公司盈餘品質愈高 (B)裁決性成本愈高則盈餘品質較高 (C)現金流量比率愈高，盈餘品質愈好 (D)非正常活動營業收入佔盈餘之比例愈高，盈餘品質愈高。

(　) 28.下列對於盈餘平滑與盈餘操縱的動機之描述，何者正確？ (A)公司盈餘穩定性考量 (B)與供應商或客户維持良好關係 (C)減少稅捐 (D)選項(A)(B)(C) 皆是。

(　) 29.下列對於盈餘預測的方法之描述，何者不正確？ (A)使用統計方法預測，建立預測模式，利用過去及現在客觀數據，來預測未來盈餘 (B)分析人員預測，分析人員蒐集各項攸關財務資訊及非財務資訊情報，依據本身的專業知識判斷，預測企業未來盈餘 (C)使用統計方法預測，完全以數字來決定未來盈餘，不會因個人偏見及判斷錯誤所影響 (D)分析人員預測，完全用過去數字來分析，至於數字所隱含的意義卻無法分析，而其最新資料可能也未考慮進來，易造成錯誤判斷。

(　) 30.某公司令海外子公司購入公司過時滯銷之存貨，而使母公司之盈餘較實際為高，此種作為稱為： (A)盈餘平滑 (B)盈餘操縱 (C)盈餘管理 (D)盈餘預測。

(　) 31.下列對於盈餘平滑與盈餘操縱的動機之描述，何者正確？A.吸引投資人投資；B.提高經營管理者聲譽；C.經營管理者為了增加薪資紅利 (A)僅 A. (B)僅 B. (C)僅 C. (D)A.、B. 和 C. 皆是。

(　) 32.下列何者為盈餘管理或平滑的方法？ (A)透過事件之發生或承認達到平滑的目的 (B)透過不同期間之分攤達成平滑之目的 (C)透過分類達到平滑之目的 (D)選項 (A)(B)(C) 皆是。

(　) 33.在損益表上，何項目最能預測未來營業狀況？ (A)營業部門稅前淨利 (B)保留盈餘 (C)營業費用 (D)銷貨收入。

(　) 34.下列哪一項目須在財務報表之附註上表達？A.會計政策；B.期後事項；C.關係人交易。 (A)僅 A. (B)僅 B. (C)僅 C. (D)A.、B. 和 C. 皆是。

(　) 35.下列對於盈餘平滑與盈餘操縱動機之描述，何者不正確？ (A)公司盈餘穩定性考量 (B)與供應商或客户維持良好關係 (C)減少稅捐 (D)預測未來營業狀況。

(　) 36.下列對於影響盈餘品質的因素，何者正確？ (A)會計方法的選擇 (B)資產變現之風險性 (C)現金流量與盈餘關係 (D)選項 (A)(B)(C) 皆是。

(　) 37.下列對於影響盈餘品質的因素之描述，何者正確？ (A)愈穩健保守的會計方法公司盈餘品質愈高 (B)裁決性成本愈高則盈餘品質較高 (C)現金流量比例愈高，盈餘品質愈好 (D)選項(A)(B)(C)皆是。

( ) 38.國內各半導體製造業者相繼斥鉅資購建新廠，五年後完工時 DRAM 晶圓代工的產能均將達現有產能的十倍，這顯示業者認為五年後 DRAM 與晶圓代工業務項目的： (A)營業額可達到現有水準值的十倍 (B)淨利可達到現有水準值的十倍 (C)毛利可達到現有水準值的十倍 (D)營業利益可達到現有水準值的十倍。

( ) 39.對於作盈餘預測，如果已經有損益表、現金流量表與資產負債表在手邊，哪些有可能有增額或邊際資訊內涵（Incremental Information Content）？A.股東權益變動表；B.財務報表附註資料；C.公司負責人致股東函。 (A)只有 B.、C. (B)只有 A. (C)A.、B.、C. 都不對 (D)只有 A.、C.。

( ) 40.基於下列哪一項假設性的消息，投資人可能會調高其對清揚商業銀行盈餘預測值？ (A)中時頭條：經建會預測明年起國內經濟成長將趨緩 (B)清揚銀行月刊頭條：會計師劉君指出：「為了顧及帳務處理的簡便，在沒有違反重要性原則的前提下，去年度清揚有幾項資本支出被逕行列計為費用」 (C)工商頭條：央行宣布大幅調升貼現率 (D)經濟頭條：存款準備率下將進一步降低。

( ) 41.在缺少其他相關訊息時，基於以下哪一項新聞報導，投資人最不可能調低其對天山企業盈餘預測值？ (A)上游廠商宣佈未來將大幅減少產量 (B)下游廠商宣布未來將大幅減少產量 (C)競爭廠商宣佈未來將大幅減少產量 (D)天山企業宣布未來將大幅減少產量

( ) 42.威名企業欲對其下一年度的營業額作預測，以下何者是最好的答案？ (A)其預估市場總規模將成長 15%，市場佔有率將成長 15%，故營業額將成長 15% (B)其預估市場總規模將成長 15%，市場佔有率將成長 15%，故營業額將成長 32% (C)其預估市場總規模將成長 15%，營業額將成長 15%，故市場佔有率將成長 15% (D)其預估市場總規模將成長 15%，營業額將成長 15%，故市場占有率將成長 32%。

( ) 43.一般而言，下列哪一項目對於預測企業未來盈餘較有幫助？ (A)淨利（Net Income） (B)銷貨毛利 (C)營業利益 (D)銷貨收入。

解答：

1.	B	2.	B	3.	C	4.	A	5.	C
6.	C	7.	D	8.	B	9.	D	10.	A
11.	D	12.	C	13.	D	14.	D	15.	A
16.	C	17.	A	18.	A	19.	B	20.	C
21.	C	22.	C	23.	B	24.	A	25.	B
26.	D	27.	B	28.	D	29.	D	30.	B
31.	D	32.	D	33.	A	34.	D	35.	D
36.	D	37.	D	38.	A	39.	A	40.	D
41.	C	42.	B	43.	C				

五南圖解財經商管系列

※ 最有系統的圖解財經工具書。
※ 一單元一概念，精簡扼要傳授財經必備知識。
※ 超越傳統書藉，結合實務精華理論，提升就業競爭力，與時俱進。
※ 內容完整，架構清晰，圖文並茂．容易理解．快速吸收。

圖解行銷學
／戴國良

圖解管理學
／戴國良

圖解作業研究
／趙元和、趙英宏、趙敏希

圖解國貿實務
／李淑茹

圖解策略管理
／戴國良

圖解人力資源管理
／戴國良

圖解財務管理
／戴國良

圖解領導學
／戴國良

圖解會計學
／趙敏希
馬嘉應教授審定

圖解經濟學
／伍忠賢

圖解企業管理(MBA學)
／戴國良

出 版 者：五南圖書出版股份有限公司
地　　址：106台北市大安區和平東路二段339號4樓
電　　話：(02)2705-5066　　傳　　真：(02)2706-6100
網　　址：http://www.wunan.com.tw

國家圖書館出版品預行編目資料

財務報表分析／馬嘉應著. －－四版. －－臺北市：五南, 2013.04

面； 公分.

ISBN 978-957-11-7062-6 (平裝)

1.財務報表 2.財務分析

495.47 102005221

1G90

財務報表分析

作　　者 — 馬嘉應(186.2)
發 行 人 — 楊榮川
總 經 理 — 楊士清
副總編輯 — 張毓芬
責任編輯 — 侯家嵐
文字校對 — 陳欣欣
封面設計 — 盧盈良　侯家嵐
出 版 者 — 五南圖書出版股份有限公司
地　　址：106台北市大安區和平東路二段339號4樓
電　　話：(02)2705-5066　　傳　　真：(02)2706-6100
網　　址：http://www.wunan.com.tw
電子郵件：wunan@wunan.com.tw
劃撥帳號：01068953
戶　　名：五南圖書出版股份有限公司
法律顧問　林勝安律師事務所　林勝安律師
出版日期　2006年5月初版一刷
　　　　　2007年9月二版一刷
　　　　　2008年8月二版二刷
　　　　　2010年3月二版三刷
　　　　　2011年2月三版一刷
　　　　　2013年4月四版一刷
　　　　　2018年3月四版二刷
定　　價　新臺幣380元

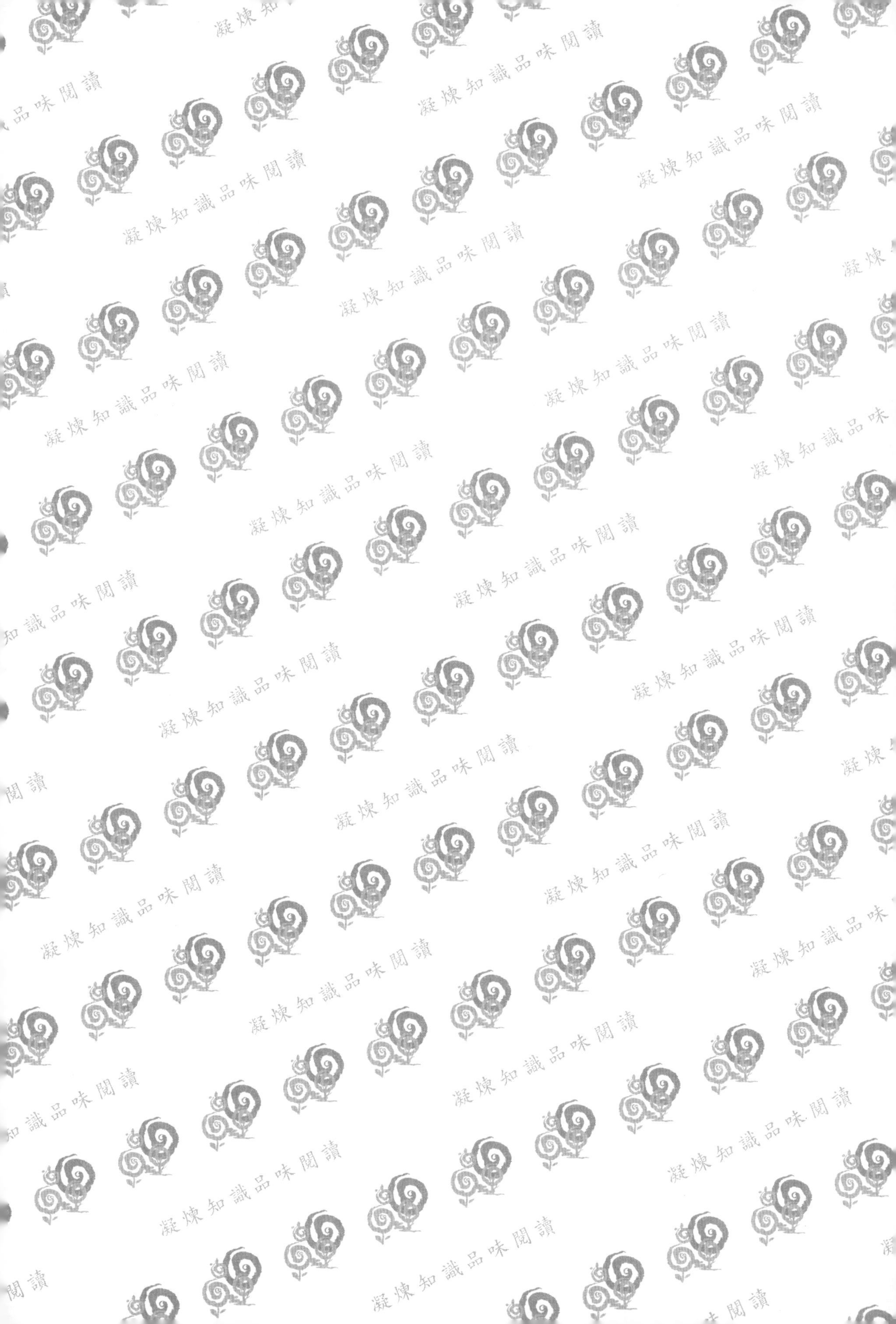
凝煉知識品味閱讀

凝煉知識品味閱讀